解·析
成功的心态

〈上〉

潘天筱◎

中国出版集团

现代出版社

图书在版编目(CIP)数据

解析成功的心态(上)/潘天筱编著. —北京：现代
出版社，2014.1
ISBN 978-7-5143-2125-8

Ⅰ. ①解… Ⅱ. ①潘… Ⅲ. ①成功心理 – 青年读物
②成功心理 – 少年读物 Ⅳ. ①B848.4 – 49

中国版本图书馆 CIP 数据核字(2014)第 008534 号

作　　者	潘天筱
责任编辑	王敬一
出版发行	现代出版社
通讯地址	北京市安定门外安华里 504 号
邮政编码	100011
电　　话	010 – 64267325 64245264(传真)
网　　址	www.1980xd.com
电子邮箱	xiandai@ cnpitc. com. cn
印　　刷	唐山富达印务有限公司
开　　本	710mm ×1000mm　1/16
印　　张	16
版　　次	2014 年 1 月第 1 版　2023 年 5 月第 3 次印刷
书　　号	ISBN 978-7-5143-2125-8
定　　价	76.00 元(上下册)

目 录

第一篇　认识心态

成功卓越者少失败，而平庸者多怨嗟，为什么？关键在于心态。心态决定一个人的财富、事业、幸福和健康。有什么样的心态，就有什么样的人生。推介本篇内容旨在让大家对心态有一个基本的了解，认识到心态的巨大能量，认识到心态是可以调整的。

第一章　解读心态

相信每个人对于"心态"这个词都不会陌生，但是你知道心态是什么吗？事实上，心态是我们的一种意识，而且这种意识是我们能够自我建构、利用的。

第一节　潜意识

一个人的人生幸福，只靠道德方面的努力是不够的，我们必须经常描绘自己将来的幸福形象，并依靠万能的潜意识来帮忙实现。潜意识一旦接受事情后，就会想尽办法去实现它，之后你只要安心等待，就可以了。(英国当代动机大师·理查丹尼)

倘若你想达成目标，尽可能的运用你的潜意识吧！

一

著名心理学家弗洛伊德将人的意识分为意识和潜意识。意识指人在清醒状态时对自己的思维、情感和行为所能察觉的内容，潜意识指潜隐在意识层面之下的感情、欲望等复杂体验，因为受到意识的控制和压抑，个体不能觉察。

与意识一样，潜意识的心理活动也包括思维、记忆、情绪等，但不同的是这些心理活动不像意识中所进行的活动那样有条不紊和具有逻辑性，它模糊而不能为人所察觉，只能通过做梦、口误以及其他一些方式间接地表现出来。尽管如此，这部分心理活动还是影响着人的行为。

现在我们对潜意识的研究还处在一个初级的阶段。据研究成果表明，如果将人类的整个意识比喻成一座冰山的话，那么浮出水面的冰山一角就属于显意识的范围，约占意识的57%，换句话说，隐藏在水面下的意识都属于潜意识的范围。

二

"日有所思，夜有所梦"。潜意识会依照我们心中所想的画面，通过做梦等形式表现出来，同样潜意识会使"日有所思"转变成真实事物。潜意识无法分辨事情是真还是假，只要有明确画面进入潜意识，潜意识立即就想尽办法把这个画面转为事实。因此，只要我们给予潜意识一个画面，它就会努力将它实质化。

如果你的潜意识里充满悲观和绝望，你自身的行动受到的影响将是消极的，并带给你消极失败的结果。

美国有一个名叫杰瑞的男子，一天下班后，他不小心被关在一个待修的冰柜里。杰瑞十分恐惧，他拼命敲打着冰柜、大喊大叫，但根本没有人听得到，全公司的人都走了。杰瑞的手掌敲得红肿，喉咙叫得沙哑，也没人来帮助他，他最后只能颓然地坐在柜上喘息。他已经开始放弃了，而且愈想愈害怕，心中产生了一个想法：冰柜的温度只有华氏零度，如果再不出去，我一定会被冻死。

第二天早上，公司的职员来上班时，打开冰柜，赫然发现杰瑞倒在地上。他们将杰瑞送去医院，杰瑞已经没有生命迹象了。但是大家都很惊讶，因为冰柜的冷冻开关并没有启动，这巨大的冰柜也有足够的氧气，更令人纳闷的是，冰柜的温度一直是16℃，而杰瑞竟然"冻"死了！

我们当然可以肯定杰瑞并不是死于冰柜的寒冷，而是死于他内心对冰点的恐惧，他在潜意识里给自己判了死刑。一切只是他的心理作用，确切地说，是他的潜意识。由此我们可以看出，影响一个人成败的因素很大程度上不在于外界的环境，而在于自己的潜意识。

三

如果能够积极地运用潜意识，人们往往会达到意想不到的效果，甚至创造出奇迹来。

耶茨太太由于心脏不好，一年多来都躺在床上不能动，一天得在床上度过22个小时。她最长的旅程是由房间走到花园去进行日光浴。即使那样，她也还得靠着女佣的扶持才能走动。但是后来她却重新恢复了健康，她说：

"我当年以为自己的后半辈子就只能这样卧床了。如果不是日军来轰炸珍珠港，我永远都不能再真正生活了。

"发生轰炸时，一切都陷入了混乱。一颗炸弹掉在我家附近，震得我跌下了床。陆军派出卡车去接海、陆军军人的妻儿到学校避难。红十字会的人打电话给那些有多余房间的人。他们知道我床旁有个电话，问我是否愿意帮助联络中心。于是我记录下那些海、陆军军人的妻儿现在留在哪里，以及红十字会的人会叫哪些先生们打电话来我这里找他们的眷属。

"很快我发现我先生是安全的。于是，我努力为那些不知先生生死的太太们打气，也安慰那些寡妇们。好多太太都失去了丈夫。这一次阵亡的官兵共计 2117 人，另有 960 人失踪。

"开始的时候，我还躺在床上接听电话，后来我坐在床上。最后，我越来越忙，又很亢奋，忘了自己的毛病。我开始下床坐到桌边。因为帮助那些比我情况还惨的人，使我完全忘了我自己，我再也不用躺在床上了，除了每晚睡觉的 8 个小时。我发现如果不是日本空袭珍珠港，我可能下半辈子都是个废人。我躺在床上觉得很舒服，我总是在消极地等待，现在我才知道，那时潜意识里我已失去了复原的意志。"

正是因为珍珠港事件，潜意识引发出耶茨太太强烈的求生欲和爱心，这种积极的动力使她最终战胜了病魔，又重新站了起来。从中我们也见识到了潜意识巨大的力量。

四

即使在科学和心理学有很大发展的现在，我们对于潜意识的认识和开发，也仅仅是冰山一角，就算是像爱因斯坦、达·芬奇、爱迪生这样卓越的天才人物，一生中运用的他们潜意识力量也只不过不到 10%。潜意识大师摩菲博士说过："我们要不断地用充满希望与期待的内心来与潜意识交谈，这样潜意识就会让你的生活状况变得更明朗，让你的希望和期待实现。"

所以，要懂得善用这股潜在的能力，休管你的理想是多么的高不可攀，生存环境是多么的恶劣，只要你善于利用它，你都可以将自己的愿望在现实的生活中实现。

积极的潜意识能给你带来积极地结果，消极的潜意识带来的是消极的结果。潜意识像一部机器，需要有人来驾驭它，而这个人就是你自己。只要你有心控制，只让好的印象或暗示进入你的潜意识，你就能成功。这种潜意识的发展，就形成了我们常说的心态。

只要我们不被负面的事物所支配，而选择积极性的、正面性的、建设性的想法，我们就可以把握自己的命运，就可以创造成功。

事实上，我们现在生活的一切，都是我们潜意识的真实反映。是你潜意识中各种思想和观念，造就了现在的你。如果你想要摆脱平凡，走向卓越，就要改变自己的潜意识，最大限度地发挥自己内心这股潜在的巨大能量。改变了你自己的潜意识，也就改变了你的心态！

第二节　自我暗示

只要相信，你便可以得到。(《圣经》)

自我暗示是目前发现控制潜意识的最佳方式，积极的自我暗示也是养成积极心态的一种方式。每天暗示自己："我能做到，你真的能做到。"如果不相信，在阅读过本节之后，你就可以尝试一下！

一

潜意识是联系人类心灵与宇宙间无限智慧的一个桥梁，但是它的作用要通过"自我暗示"来实现。潜意识透过自我暗示所能发挥出来的无穷力量，是惊人且不可思议的，这世上许多所谓的奇迹或灵感，都是透过自我暗示即心理暗示的方式而产生的。那么，什么是心理暗示呢？

心理暗示是我们日常生活中最常见的心理现象，它是人或环境以非常自然的方式向个体发出信息，个体无意中接受这种信息，从而作出相应的反应的一种心理现象，亦即一个人用语言或其他方式对自己的思维、想象、意志等方面的心理状态造成某种刺激的过程。心理暗示，构筑了我们心理活动中意识思想的发生部分和潜意识的行动部分之间的沟通媒介。暗示只是一种被主观意愿肯定了的假设，不一定有根据，但由于主观上已经肯定了它的存在，心理上便竭力趋于结果的内容。所以，它像一种启示、提醒和指令一样，它会告诉我们注意什么、追求什么、如何做才能实现目标。

暗示有着令人不可抗拒和不可思议的巨大力量。心理学家普拉诺夫认为，暗示是人类最简单、最典型的条件反射。暗示的结果使人的心境、兴趣、情绪、爱好、心愿等方面发生变化，从而又使人的某些生理功能、健康状况、工作能力发生变化。心理暗示属于利用潜意识的一种方式，也是影响潜意识的一种最有效的方式，它超出人们自身的控制能力，指导着人们的心理、行为。暗示往往会使别人不自觉地按照一定的方式行动，或者不假思索地接受一定的意见和信念。

心理暗示有正面暗示与反面暗示两种。正面的心理暗示，能积极的影响我们的行为，反面的心理暗示，常常指受别人不好的评价或自我感觉不好的影响形成的暗示，消极的影响着自己的行为。因此，心理自我暗示能支配并影响我们的行为；我们每个人都拥有并善于利用的主动的自我暗示。

二

人因悲伤而哭泣，但往往也因哭泣而悲伤，世界上有许多被不安、自卑感所苦恼的人，他们总以为自己对任何事都无能为力，这显然是陷入了负面的自我暗示的陷阱中。自我暗示的正面作用，可以训练我们如何增进自信心，如何从失败中体验成功，如何克服恶劣的情绪等等。自我暗示能使人把面粉当药剂治好了病，也能使人把药水当毒液喝下而送了命。正确使用自我暗示，是人生历程中不可避免且必须弄透彻的一门学问。

美国有两位心理学家曾经做过这样一个实验：

心理学家声称研究出来一种能测出哪些人是天才的方法。为了证实他们的研究成果，他们选择了一所小学的一个班级，帮全班的小学生作了一次测验，并于隔日批改试卷后，公布了该班5位天才儿童的姓名。

20年后，追踪研究的学者专家发现，这5名天才儿童长大后，在社会上都有极为卓越的成就。这项发现马上引起教育界的重视，他们请求那两位心理学家公布当年测验的试卷，弄清其中的奥秘所在。

那两位已是满头白发的心理学家，在众人面前取出一只布满尘埃、封条完整的箱子，打开箱盖后，告诉在场的专家及记者："当年的试卷就在这里，我们完全没有批改，只不过是随便抽出了5个名字，将名字公布。不是我们的测验准确，而是这5个孩子的心意正确，再加上父母、师长、社会大众给予他们的协助，他们才得以成为真正的天才。"

如果曾经有人告诉过你，你是一位天才，你会怎么样？

或许你对自己的期望与要求会更高；或许你每天愿意多花一个钟头去看书，而不是看电视；或许你会更卖力地投入自己的学习中，以获得更佳的成果。这一切都是你自愿的，因为你是一位天才。而你的父母、老师又将如何看待你呢？或许他们会更用心、更努力地来教导你；而你周围的朋友、同学、同事，也将提供给你更多协助，充分地帮助你。这一切也是他们自愿的，因为你是一位天才。而他们也有这份使命感来协助你，帮你完成天才与生俱来的责任。无论你是不是天才，在天才的暗示下，你将成为真正的天才！

每位同学是否曾仔细地思考过，上天赋予你的重大使命是什么？而你是否已经在这一使命的激励下勇敢地前行？任何时候，每个人都别忘记对自己说一声："我天生就是奇迹。"本着上天所赐予我们的最伟大的馈赠，积极暗示自己，你便能开始成功的旅程。

三

拿破仑·希尔给我们提供了一个自我暗示的公式，他提醒渴望成功的人们，要不断地对自己说："在每一天，在我的生命里面，我都有进步。"在无对抗的情况，这种暗示会通过议论、行动、表情、服饰或环境气氛，对我们的心理和行为产生影响，使我们接受有暗示作用的观点、意见或按暗示的方向去行动。

通过自我暗示，可以使意识中最具力量的意念转化到潜意识里，成为潜意识的一部分。也就是说，我们可以通过有意识的自我暗示，将有益于成功的积极思想和感觉撒到潜意识的土壤里，并在成功过程中减少因考虑不周和疏忽大意等招致的破坏性后果，全力拼搏，不达目的不罢休。所以，如果你能够通过想象不断地进行自我暗示，就可能会成为一个杰出者。

人与人之间最初只存在很小的差异，但这很小的差异却往往造成了以后的巨大差异。有人收获成功、幸福，有人遭遇失败、不幸。原因就在于心理暗示。

在1984年洛杉矶夏季奥运会上，日本体操运动员具志坚幸司每次出场前，都要紧闭双目，口中念念有词。男子体操全能决赛中，我国体操名将李宁、童非，美国体操明星麦克唐纳、康纳斯等相继出现失误，唯独具志坚幸司一路发挥正常，最后夺得全能冠军。比赛结束后，记者问他上场前口中默念的是什么，具志坚幸司笑而不答。一时间，具志坚幸司的"咒语"成为许多人关注的焦点。其实，具志坚幸司默念的内容无关紧要，最重要的是，他的这种"默念"起到了积极的自我暗示的作用。

四

自我暗示在浩瀚的心灵史上古已有之，望梅止渴、画饼充饥、杯弓蛇影、拔苗助长等都属于自我暗示。自卑、抑郁的人容易给自己错误的自我暗示，林黛玉总记得宝玉含玉而生，与薛宝钗是"金玉良缘"，所以，她最恐惧宝玉娶宝钗。当这种自我暗示变成现实，她就因急怒攻心而没了性命。

消极的自我暗示会增加自己的精神负担，不利于心理和生理健康，而积极的暗示可以稳定情绪、树立自信心及战胜困难和挫折的勇气。例如，有些人从镜子中发现自己的脸色不太好，并且觉得眼睑浮肿，恰巧昨晚睡眠不好，这时马上就会有不舒服的感觉，怀疑自己是否得了病。继而觉得自己身体真的好像不舒服了，必须马上到医院就医。而有的人在镜中看到自己脸色不好，由于睡眠不足而有些精神不振、眼圈发黑时，马上用理智控制自己的紧张情绪，并且暗示自己：到户外做做运动，呼吸一下新鲜空气就会好的。于是精神振作起来，快乐的度过这一天。

所以不妨时常提醒自己：生命真美，活着真好。然后，深呼吸，你的状态马上就会不同，重新拥有信心与斗志。这种自己对自己的提醒，含有肯定积极的心理暗示。容易发怒的人可以经常对自己说：有分寸地处理人际关系，能容则容。恐惧者不妨告诉自己：不要过分担心，要善于驾驭自己的情绪……在这些正面的自我暗示里，人比较容易控制自己的负面情绪，产生正面能量。内心环境在改变，人事环境也会随着改变。自卑的人要相信："我能行，我很棒！"紧张的人可以暗示自己："放松，放松……。"抑郁的人若是试着笑起来，就会发现世界的种种可爱。

人的心理经常会受到外界情境的影响。想要完成一件事情，会出现心理障碍，例如胆怯、紧张等。尤其是在对抗、竞争的条件下，为了取得好的成绩，容易内心紧张。本来你完全具备一定的实力，但是就因为心理上的紧张，反而束缚了你的潜在能力的发挥，或者是在注意力应该高度集中的时候，反而心猿意马。这个时候，就要给自己肯定的自我暗示，排除杂念，稳定情绪。

自我暗示会指引你朝期望的方向发展，最终变成你期望的样子。你期望自己是什么样子，就要把自己当成期望的那样去对待。积极地暗示自己，在学习中、在生活中，多对自己说"我能行"，你就会多一些成功。积极的自我暗示，让生命的每一天都充满喝彩与掌声，让人生的每一步都充满自信与欢乐！

第二章　心态决定成功

了解了心态之后，你有什么样的感受？内心有没有怀疑过：心态真的能发挥出意想不到的力量吗，它是怎样发挥出这样的力量呢？答案就在本章中，请拭目以待！

第一节　心态影响行为

心态若改变，态度跟着改变；态度改变，习惯跟着改变；习惯改变，性格跟着改变；性格改变，人生就跟着改变。（马斯洛）

这就是心态的力量。它无时无刻不在影响着你的行为、你的人生。

一

人类的记忆是极为丰富的，而且我们的大脑只保留不时所需或未来用得着的资料，有意地忽略掉其余的资料。这种过滤性表明了人类记忆的选择性，因此对同一件事比如交通事故，两个人会有完全不同的论点，甲可能强调他所看见的，而乙却强调他所听到的，彼此从不同的角度进行强调。他们从一开始，便用不同的生理感觉器官去记忆这件事故。例如甲有着极佳的视力，而乙却视力不佳，最后的结果必然是双方的看法不完全一致。这种差异的认识和内心储忆就会进入记忆成为新的过滤器，让这二人去体验未来。

事实上，人的内心记忆不是事物的真相，而是经过各人独有的信心、态度、信念和称之为"性格模式"的过滤后，所显示的内容。爱因斯坦曾说过："任何想在真理与知识的大海里树立个人权威的人，必为众神的嘲笑声所淹没。"

既然一切事物的相貌，都显示着自己内心的记忆，那么我们就可以用鼓舞自己、发现人生积极的一面的方法去获得成功，可以通过始终不悖地形成积极心态的记忆管理影响自己的心态。有许多时候，你该费心注意某些事情，可别只看到消极的一面，造成沮丧、受挫或不悦的心态，而要倾全力注意积极的一面。不论四周环境多么恶劣，要用积极进取的心态来面对。

有人能发挥潜能、能成功，是因为他能始终保持积极的心态。这就是成败的差异。人生是好是坏，不由命运来决定，而是由你的心态来决定，我们可以用积极心态来看事情，也可以用消极心态。

花点时间想一想，如果你一直是处于无所不能的心态时会怎样？如果现在叫你放下恐惧，走过一个炽热的火堆，你一定不会听命行事。因为你还不具备过火堆的信心，也未拥有能过火堆的肯定感觉和心态，所以当别人要你过火堆时，你还没进入能帮你过火堆的心态。所以，当你能以一种能鼓舞自己身体力行并带来新效果的方式，改变自己的心态和行为，去排除恐惧和束缚因素，无论面前是什么，你都可以跨过去。

过火堆只是要把人们原先的畏惧，转换为知道能行的过程，从此他们就能把自己置于完全进取的状态，进而做出原先认为不可能的事情和结果来。

如果帮助你在内心形成一个"我可以走过那个火堆"的全新记忆，那么原先认为的不可能及其他诸多的不可能就变成了可能。这种记忆就是转变心态的方式，通过打破你的原有心态，增加一种积极的、健康的心态。心态可以说是我们体内几百万条神经共同作用的结果，也可以说是我们在任何时间内的感受。心态可能会是进取的、有为的，也可能是颓丧的、受抑制的，但是很少有人想刻意去控制它。在追求人生目标上，会有成功与失败两种结果，差别就在于拥有什么样的心态。

现在我们知道了，产生你期望结果的关键在于控制并打破你记忆中固有的、消极的心态，建立一种全新的、积极的心态，当你拥有了积极的心态后，你就要尝试各种方法以达到期望的结果。

二

如果你认为事情做起来不会顺利，它就真是如此；如果你认为会顺利，那么在内心就会产生所需的力量，帮助你达成预期的目标。当然，即使是最积极的心态，也不会保证必定成功，但是当我们拥有适当的心态，就会最大可能地去善用所拥有的一切。如果人们运用积极的心态，它就能激励人们取得成功。如果人们运用消极的心态，它就会变成说谎、欺骗和自欺欺人的借口。

如果一个人决心获得某种成功，那么他就会为这个成功而改变自己不好的行为习惯，立刻付诸行动，最终得到成功。这就是心态产生的力量。

所有的行为都是发自心态的结果，那么当我们处在进取和颓丧两种不同心态时，自然会有不同的信息传送和行为表达，即心态影响着行为。

有个名叫查理·华德的人出身贫寒。他在读小学时，曾在西雅图滨水区靠卖报和擦皮鞋来接济家庭。后来，他成了阿拉斯加一艘货船的船工。17岁时，他高中毕业后就离开了家，加入了流动工人大军中。

他的同伴都是些"边缘人物"，即军事冒险者、逃亡者、走私犯、盗窃犯等等。他每天同他们混在一起，赌博、酗酒，甚至参加了墨西哥的一个武力组织。"你不接近那些人，你就不会参与那些非法活动，"查理·华德说，"我的错误就是同这些不良的伙伴搞在一起，我的主要罪恶就是同坏人纠缠在一起。"在与这些人的交往中，他只看到人性的丑恶、社会的黑暗面，他的世界里没有阳光，他把自己看成没有任何价值的人，他悲观，被动地接受生活。

他时常在赌博中赢得大量的钱，然后又输得精光。最终，他因走私麻醉药物而被捕，受到审判并被判了刑。查理·华德进入莱文沃斯监狱时是34岁，并且他声言任何监狱都无法牢牢地关住他，他一直在寻找机会越狱。

开始他用读书来消磨监狱的无聊生活，逐渐的在他的内心中，有某种声音嘱咐他：要停止敌对行动，变成这所监狱中最好的囚犯。从那一瞬间起，他整个的生命浪潮都流向对他最有利的方向。查理·华德的思想开始了从消极向积极的转变，使他开始掌握自己的命运了。

他每天向自己提出几个问题，并在书中找到这些问题的答案。此后，直到他73岁逝世的日子，每天他都要读书，寻求激励、指导和帮助。在寻求答案过程中，他改变了好斗的性格，也不再憎恨给他判刑的法官。他也通过这种方法使他他在狱中尽可能地过得愉快。

他的行为由于态度的转变而有所不同，也因此博取了狱官的好感。一天，一个刑事书记告诉他：一个原先在电力厂工作的受优待的囚犯将要获释。查理·华德对电懂得不多，但监狱图书馆藏有关于电的书籍，他就借阅了一些。在那位懂得电学的囚犯的帮助下，查理掌握了这门知识。

不久，查理申请在狱中工作。他的举止态度和言谈语调都给副监狱长留下了深刻的印象，他得到了工作。查理·华德继续用积极的心态从事学习和工作，他积极的心态所带来的热切和诚恳让他成了监狱电力厂的主管人，领导着150个人。他鼓励他们每一个人把自己的境遇改进到最佳的地步。

美国中北部明尼苏达州首府圣保罗市"布朗比基罗公司"经理比

基罗因被控犯了逃税罪，进入了莱文沃斯监狱。查理·华德对他很友好，他激励比基罗设法适应自己的环境。比基罗先生十分看重查理的友谊和帮助，他在刑期行将结束时，对查理说："你出狱时，请到圣保罗市来。我将给你安排工作。"

查理获释出狱后，就来到了圣保罗市。比基罗先生如约给查理安排了工作，周薪25美元。查理在两个月之内就成了工头。一年后，他成了一个主管。最后，查理当了上了总经理。比基罗先生逝世时，查理成了公司的董事长。他担任这个职务直到逝世。

在查理的管理下，布朗比基罗公司每年销售额由不足300万美元上升到5000万美元以上，成了同类行业中的最大的公司。

查理行为的改变源于他心态的改变，他的成功也证明了我们的心态在很大程度上决定了我们人生的成败。

我们怎样对待生活，生活就怎样对待我们；

我们怎样对待别人，别人就怎样对待我们；

我们在一个目标刚开始时有什么样的心态就决定了我们最后能走多远。

同时，心态和行为又是相互影响的。你有一个信念，就是你能很好完成自己的学习任务，这时你会觉得在学习中很有信心、很有热情，你能常常这样想，并在实践中想方设法去完成学习任务，自信就会更强。这就是你的行动强化了你的心态。又比如说，你欣赏一个人也是这样的，你喜欢他，就会与他主动沟通交流，然后你会不断发现这个人的优点，从而更喜欢他。这是心态和行为相应的一种反应。同样，对于你自己，也是这样的，你很喜欢自己，或你很不喜欢自己，你会慢慢发现自己的优缺点，会更加喜欢或不喜欢自己。当一个人心态存在后，你的行为会加深它，它们会相互影响。

第二节　自我激励

一

西点军校有一句话："一切的成就，一切的财富，都始于一个意念，即自我意识。"

自我意识是一个人对自己的认识、评价和期望，也就是对自己的心理体验，即"我属于哪种人"的自我观念。具体来讲，自我意识包括个人对如下问题的回答："我是个什么样的人？我有什么样的个性？有什么样的优缺点？我有什么价值？有无巨大的潜能？我期望自己成为什么样的人？达到什么样的目标？"它是建立在我们对自身的认知和评价基础上的回答。

如果你的自我意识是一个失败的人，你就会不断地在自己内心看到一个垂头丧气、难当大任的自我，听到"我没出息、没有长进"之类负面的信息；然后感受到沮丧、自卑、无奈与无能，从而你在现实生活中便会"注定"失败。如果你的自我意识是一个成功人士，你会不断地在你内心的见到一个踌躇满志、不断进取、敢于经受挫折和承受强大压力的自我；听到"我做得很好，而我以后还会做得更好"之类的鼓舞信息；然后感受到喜悦、自尊、快慰与卓越，从而你在现实生活中便会"注定"成功。

自我意识的确立是十分重要的，其正或负倾向是我们的生命走向成功或失败的方向盘、指南针。人的所有行为、感情、举止，甚至才能，始终与自我意识一致。每个人把自己想象成什么人，就会按那种人的方式行事。人的全部个性、行为，甚至环境都是建立在这个基础之上的。如果一个人从心理上逃避成功，害怕成功，面对机会或挑战，他就可能畏畏缩缩，这样，即使不是一个失败者，也是一个平庸之辈。

因为，在其自我意识里已经有了失败的自我意识。

"我是自己命运的主宰，我是自己灵魂的领导。"这句诗告诉我们：因为我们是自己态度的主宰，所以也自然变成命运的主宰。事实上，自我意识是可以改变的。

一个人难于改变某种习惯、个性或者生活方式，似乎有这样一个原因：几乎所有试图改变的努力都集中在所谓自我的行为模式上而不是意识结构上。他们想要改变的是特定的外在环境或者特定的习惯和性格缺陷，而从来没有想到改变造成这些状况的自我认识。而要改变这种认识、这种自我意识就需要通过不断的自我激励、自我鼓励，甚至可以说是自我安慰，改变心目中的自我，这是一种由内而外的改变。

要通过鼓励自己能接受自己，并拥有健全的自尊心；鼓励自己能信任自己；能不断地强化和肯定自我价值；鼓励自己能随心所欲地有创造性地表现自我，而不是把自我隐藏或遮掩起来；鼓励自己建立一个与现实相适应的自我，以便在一个现实的世界中有效地发挥作用。

二

事实上，自我激励在生活中很常见。自我激励就是给自己打气，鼓励自己。我们自小就被教育要争气，在逆境中要奋起，而支持"崛起"的信念则来自于自我激励。

当我们遇到不顺心的事时，一定要告诉自己：一切都会过去的，这没有什么大不了的。相信自己通过努力可以改变目前的状态，这是一种神奇的力量，来自于心的力量。

自我激励可以分为两种：一种是外部激励，借助于外物给予自己胜利的信念和希望；一种是内部激励，就是在内心始终存在乐观积极的心态，无论遇到什么样的困境都不动摇。

一位弹奏三弦琴的盲人，渴望在有生之年看看世界，但是遍访名医，都说没有办法。有一日，这位盲人碰见一个道士，道士对他说：

"我给你一个保证能治好眼睛的药方，不过，你得弹断一千根弦，方可打开这张药方。在这之前，它是不会生效的。"

于是这位琴师带了一个同样双目失明的小徒弟游走四方，尽心尽意地以弹唱为生。一年又一年过去了，在他弹断了第一千根弦的时候，这位民间艺人迫不及待地将那张一直藏在怀里的药方拿了出来，请明眼的人代他看看上面写着的是什么药方，好医治他的眼睛。

明眼人接过药方一看，说："这是一张白纸嘛，并没有写一个字。"那位琴师听了，潸然泪下，突然明白了道士那"一千根弦"背后的意义。就是这一个"希望"，支持他尽情地弹下去，漫长的53年，他就如此充满希望地活了下来。

这位老了的盲艺人，没有把这故事的真相告诉他的徒弟。他将这张白纸郑重地交给了他同样也渴望能够看见光明的弟子，对他说："我这里有一张保证能治好你眼睛的药方，不过，你得弹断一千根弦才能打开这张纸。现在你可以去收徒弟了，去吧，去游走四方，尽情地弹唱，直到那一千根琴弦弹断，就有了答案。"

那位盲人正是借助了外部激励的力量，将希望传达于内心。希望是人生的方向，是人们心中一盏不灭的明灯，是我们前进的动力。面对恐惧时，希望使人从容淡定；面对挫折危险时，希望让人获得巨大的能量。

外部激励是人们走向成功的重要因素，这种激励让你在不知道事实的情况下，获得一个前进的动力，或者对自己有一个全新的认识。"天才儿童"真正变成了天才，也是这样的一种外部激励方式。对于中小学生十分适用。

而大凡成就一番事业的人物都是善于内部激励的人，面对困境，他们表现出很高的自我承受能力，通过自我激励来改变自己的现状。

"八佰伴"曾经是日本最大的零售集团。总裁和田一夫经过长达半个世纪的苦心经营，将一家小蔬菜店发展成为在世界各地拥有400

家百货店和超市，员工总数达2.8万人，年销售额突破5000亿日元的国际零售集团。1997年，正当他努力开拓中国市场之际，留在日本总部坐镇的弟弟因经营不慎，使得整个集团遭遇重大挫折，最后不得不宣布破产。

从国际大集团总裁到一文不名的穷光蛋，从住寸土寸金的深院豪宅到住一室一厅的公寓，从乘坐劳斯莱斯专车到自己买票乘坐公共汽车……这对于已经68岁的和田一夫而言，无异于是从天堂跌到了地狱。

一时之间，舆论哗然，众说纷纭。有人说他肯定爬不起来了，只能在穷困潦倒中悄悄地了此残生；有人甚至猜测，他应该会自杀，就像很多在一夜之间破产的人一样。然而事实出乎所有人的意料，和田一夫没有一蹶不振，更没有懦弱地选择自杀，反而抖擞精神重新"复活"了。他从经营顾问公司迈开了第一步，后来又和几个年轻人合作，开办了网络咨询公司。虽然进入的是陌生领域，但凭借努力和过去的经验教训，他的生意一步步红火起来。

很多人对他在人生如此的大起大落面前，仍然能反败为胜、东山再起表示敬佩之余也十分好奇，认为他一定有什么"秘密武器"。对此，他的回答是，如果说有秘诀，那就是自我激励。他又解释说，是不断的自我激励使他能做到即使面对巨大失败也没有失去希望，即使处在事业的低潮和人生的谷底也仍然相信有光明的前途。在这种信念的支撑下，他才有决心重新上路。

和田一夫有一套独特的自我激励方法，那就是他多年来一直坚持的"心灵训练"。他曾说："如果想真正获得人生幸福，就需要有'没关系，一切都会好起来的'这种豁达的想法。"这种心灵的训练是很有必要的。从他涉足商场起，他就一直坚持写"光明日记"，记录每天让他感到快乐的事。和田一夫说："如果想使自己的命运得以好转，就必须不断地用积极向上的语言来鼓励自己，并使自己保持开朗的心情。这是非常重要的。"

除了"光明日记"外，和田一夫还独创了"快乐例会"。即在每月的工作例会中，和田一夫规定：在开会前每个人要用3分钟的时间，从这个月发生的事情中找出3件快乐的事情告诉大家。"刚开始的时候，大家很难找出3件快乐的事。后来，养成习惯后，别说3件，人人都想发表10件快乐的事。每月这样延续下来，公司里人人都逐渐露出笑脸。"和田一夫对自己的成绩很自豪这种别开生面的方式，的确有效地调动了员工的乐观情绪。

许多不成功的人不是没有成功的能力与潜质，而是他们在思想上根本不想成功。因为他们在受到羞辱时除了暗自神伤、叹息命运不济外，从未意识到要给自己打气，他们习惯处于劣势，久而久之真的只有与失败为伍。

也有一些人并不是不懂得给自己一点激励，而是很快就把对自己的承诺抛在脑后，未能认真地去实现当时的目标，所以他们也只会失败。

三

如果说和田一夫给我们的启示大多在学习上，那么富兰克林·罗斯福将给我们更多的人生生活启示。我们每个人心里都渴望成功，不希望失败。成功者活得充实、自在、潇洒，失败者过得空虚、艰难、猥琐。富兰克林·罗斯福也不例外，而当你自己认为有能力成功时，你就具备了成功的能力。

8岁的富兰克林·罗斯福是一个脆弱胆小的男孩，脸上时常显露着惊惧的表情。他呼吸就像喘气一样，如果被喊起来背诵，他立即会双腿发抖，嘴唇颤动不已，回答得含糊且不连贯，然后颓废地坐下来。如果他有好看的面孔，也许就会好一点，但他却是暴牙。在我们的印象中，像他这样的小孩，自我感觉一定很敏锐，回避任何活动，不喜欢交朋友，最终成为一个只知自怜的人！

但事实却不是这样。虽然有些缺陷，但他却时常自我激励："我不比别人差"，"我也可以"，这种自我激励给了他一种积极、奋发、乐观、进取的心态，而这种心态，更加激发了他的奋发精神。

他的缺陷促使他更努力地去奋斗，他激励自己，坚定信念。他不因为同伴对他的嘲笑便减低了勇气，他喘气的习惯变成了一种坚定的嘶声。他用坚强的意志，通过咬紧自己的牙床使嘴唇不颤动来克服他的惧怕。就是凭着这种奋斗精神，凭着这种自我激励，凭着这种心态，他终于成为拥有杰出成就的一代美国总统。

他不因自己的缺陷而气馁，在内心激励自己，改变自己的弱点，甚至对弱点加以利用，变其为资本而爬到成功的巅峰。在他的晚年，已经很少有人知道他曾有的严重缺陷。美国人民都敬爱他，而他也成为美国最得人心的总统之一。

像他这样的人，如果停止奋斗而自甘堕落，则是相当自然而平常的事！但是他却不这么做，他从来不落入自怜的罗网里，虽然这种罗网害过许多比他的缺陷要轻得多的人。

罗斯福成功的主要因素在于他的自我激励和他的努力奋斗。正是这种激励使他拥有了积极的心态，而这种积极的心态又激励他去努力奋斗，最后终于从不幸的环境中找到了成功的秘诀。

自我激励其实就是给内心找一个希望，给行动找一种信念的动力。能够自我激励的人，在何种情况下都不会被打倒，即使暂时失败了，他们也能够重新找到成功的信念，再次登上成功的顶峰。

通过自我激励，改变自我意识中有许多缺陷的自我，培养自己优秀的品格，这是成功者的道路。当自我意识在对自我扬长避短的基础上日臻完善而稳固的时候，你会有"良好"的感觉，并且会感到自信，会自由地作为"我心目中的自己"而存在，自发地表现自己积极、阳光的一面并会适当地发挥作用。环境不会为你而改变，你只能改变自己适应环境，那么学会自我激励吧！

第三节　激发潜能

没有人事先了解自己到底有多大的力量，直到他试过以后才知道。
（歌德）

潜能的力量超乎想象，所以尽情的尝试吧，将潜能都激发出来！
心态就是因为能激发人的潜能而拥有了改变世界的力量！

一

在人的身体和心灵里面，有一种永不坠落、永不衰败、永不腐蚀的东西，它的力量一旦被唤醒，即便在最卑微的生命中，也能像酵母一样，对身心起发酵、净化作用，增强人的工作力量，这就是潜能。

潜能是生命的自然资源，有无形的一面，也有有形的一面；有整体性的，也有局部性的。无形的，如第六感、遥感等；有形的，如手捏、脚踢等；整体性的，如心的感知和情感能力、机体的整体反应；局部性的，如耳朵的特别听力、眼睛的特别视力等。

人身上有很多未被把握的东西，有大片的未知领域。人身上这种潜在的"钻石宝藏"，应该更广泛地引起人的注意和兴趣。潜能无处不在，浑然一体，我们对潜能的这种硬性区分只是对生命能量的某种把握罢了。

人们亟待对人的常用器官进行潜能再开发，进一步发掘人的手脚身心和耳目头脑的天赋能力，让手伸得更长，脚跑得更快，心的感悟更灵敏，身体的反应更直觉，耳朵听得更清，眼睛看得更远，大脑的思维更复杂，等等。

人的潜能是生命机体的超常部分，它们有神秘、卓越和可怕的能量。

　　有这样一个实验，足以证明潜能的巨大力量：将一个体力平常的人催眠，在睡眠时给他一个力量无穷大的意识，然后把他的头和脚搁在两只椅子的边上，而身体悬空，这时让六七个人站在他身上，他竟然能支持得住。后来实验者在他的身上搁了一块木板，让一匹马站上去，他竟然也能支持得住。按照一个人常态下的体力水平，他绝不能支持 1000 多磅的重量，但是在催眠状态下，他竟然毫无困难地做到了。

　　这里有一个发生在日本的真实故事，同样可以说明人的潜能的巨大。

　　有一天，一位女士上街购物，把 4 岁的孩子单独留在家中。返回时，在住宅楼附近碰到熟人，就停下来说话。突然，她发现自己家 12 楼的窗子开着，孩子爬在窗台上正向妈妈招手——她还来不及惊叫，孩子已经失足掉了下来。她丢下手中的东西，不顾一切地向孩子奔去（请注意：她穿的是筒状裙子和高跟鞋）。

　　就在孩子快落地的一瞬间，她接住了孩子。

　　事后，人们做过一次模拟实验：从 12 楼窗口扔下一个枕头，让最优秀的消防队员从相同距离飞身来救，试了很多次，始终还差很远。

　　一家报社对这种现象百思不得其解，派了一名记者采访这位女士，以寻求答案。记者初次见到这位女士，无法把自己心目中英雄母亲的形象和这位貌不出众、身材发福走样的妇女联系起来。

　　记者问女士："你平时能跑多快？"女士呆想了很久，说："大学 100 米跑步考试，我刚刚及格。大学毕业后，再没机会参加跑步运动。"记者又问："那你孩子失足掉下来那天，你怎么能穿着高跟鞋，还跑得那么快呢？"女士毫不迟疑地回答道："我不知道自己为什么跑得那么快，但是当看见孩子掉下来，我心里只有一个声音：不管用什么方法，我一定要接住他。"

　　人的这种潜能一旦觉醒，将使凡人成为巨人。

人类的大脑是世界上最复杂也是效率最高的信息处理系统。别看它的重量只有1400克左右，其中却包含着100多亿个神经元。人脑的存储量大得惊人，在从出生到终老的漫长岁月中，我们的大脑能以每秒钟1000个信息单位的速率储存信息。而且人脑不像机器那样使用久了会有磨损，而是越用越好用。就像有的人学外语，一旦掌握了一两门外语，再学另外一门外语就会容易许多。人的一生中，仅仅运用了大脑能力的1/10；也就是说，还有9/10的大脑潜能白白浪费了。而最新研究更进一步指出，以前人们对大脑的潜能估计太低，我们实际上根本没有运用大脑能力的1/10，甚至连1/100也不到。

由此可见，在我们的内心深处，有着无限的智慧、力量，以及我们所需要的各种各样的"供应品"，都等着你去发掘、培养、发挥。

二

催发我们心中巨大潜能的钥匙是心态。如果我们怀有积极的心态，我们存在于内心的巨大潜能就会在任何时间、空间，提供给我们源源不断的力量，使我们产生新的思想和观念，能够有新的发明、新的发现，或写出新书和剧本，甚至可以把各种奇妙的知识，原原本本地传授给我们。潜能还可以指引我们，为我们打开人生的道路，使我们在生活中能够完美地发展自己，并达到我们真正应该达到的水平。

许多人并不知道深入自己的意识内层，去开发那些供给身体力量的源泉，因此，他们的生命往往是枯燥而毫无生气的。如果你能深入到自己内心，改变自己的心态，就可以寻得生命的源泉。

人的心态有两种：积极心态和消极心态。积极心态会使人心想事成，走向成功。而消极的心态会使人怯懦无能，走向失败。因为消极失败的心态使人放弃了对人伟大潜能的挖掘，让潜能在那里沉睡，白白浪费；积极成功的心态能最大限度利用潜意识挖掘自身的潜能，改变自己，创造成功。自信、自爱、坚强、快乐、兴奋，让你的能力源源涌出。多疑、沮丧、恐惧、焦虑、悲伤、受挫，使你浑身无劲。

积极的心态是一种有效的心理工具，如果你认为你自己能够发挥潜能，它能使你产生错觉，从而使你如愿以偿。

体坛名将就是这样做的。一名作为世界级冠军的射手，举起他的弓，眼睛锁定30码外的靶心。此时此刻，心无旁骛，除了红心以外，没有任何事可以吸引他的注意力。他拉紧了弦，眼睛注视目标，沉静而迅速地扫视一遍自己的身体及心理状态，若感觉有一点儿不对，他就放下弓，放松，再重新拉一次。假如一切都检查无误，他只要瞄准靶心，放心地让箭飞出去，就有信心让箭正中红心。

只有当体坛明星处于这种最佳竞技心态时，他才可能赢得胜利。而当他心态不佳时，则会一扫平日的威风，输给名不见经传的小字辈。同样，即使一位平时成绩平平的运动员，当他处于最佳心态时，他就可能取得惊人的成就，打败那些状态不佳的明星们。这种状态即心态，事实上这种情况人人都有，你或许有些经历而不自知罢了。

从某种角度来说，我们都是射手，都想在生活中一射而中，只是心态不一样，所以结果也不一样。

人们都渴望成功，而任何成功者都不是天生的，只要你抱着积极心态去挖掘你的潜能，你就会有用不完的能量，你的能力就会越来越强。相反，如果你抱着消极心态，不去挖掘自己的潜能，那你只有叹息命运不公，并且越消极越无能！

每一位在通往成功的大路上艰难前往的跋涉者，都必须学会利用潜意识去挖掘自身的潜能，因为这是通往成功的"捷径"。在适当的时候，用适当的方式，这种潜能就能发挥出无穷的力量，创造出一个又一个奇迹。

刘翔在雅典奥运会上打破了黑人选手对110米栏项目的垄断，起跑只用了0.139秒；世界心理学大师罗扎诺夫的学生一天能学会1200个外语单词；而曾严重口吃的美国人乔·吉拉德，居然能够成为全球最受欢迎的演讲大师。

他们都超越了人类以往认识的极限，带给我们新的奇迹。由此可见，只要你抱着积极的心态开发你的潜能，你也会像他们那样，有用不完的能量，而后走向成功。

三

拥有积极心态后，要通过行为来引导潜能。一个是通过不停地挑战自我、挑战极限的行为，挖掘出潜在水面下的冰山潜力。在发掘潜力、不断前行的过程中，人们总会遇到很多困境，但只要你用积极的心态去面对，困难和挫折都可以转变成为潜力的驱动力。

一位音乐系的学生走进练习室。钢琴上，摆放着一份全新的乐谱。"超高难度，"他翻动着，喃喃自语，感觉自己对弹奏钢琴的信心似乎跌到了谷底，消磨殆尽。

已经3个月了，自从跟了这位新的指导教授之后，他不知道，为什么教授要以这种方式整人。指导教授是个极有名的钢琴大师。他给自己的新学生一份乐谱。

"试试看吧！"他说。乐谱难度颇高，学生弹得生涩僵滞错误百出。

"还不熟，回去好好练习！"教授在下课时，如此叮嘱学生。

学生练了一个星期，第2周上课时，没想到教授又给了他一份难度更高的乐谱："试试看吧！"上星期的功课教授提也没提。学生再次挣扎于更高难度的技巧挑战。

第3周，更难的乐谱又出现了，同样的情形持续着。学生每次在课堂上都被一份新的乐谱挑战，然后把它带回去练习，接着再回到课堂上，重新面临难上两倍的乐谱，却怎么样都追不上进度，一点也没有因为上周的练习而有驾轻就熟的感觉，学生感到愈来愈不安、沮丧及气馁。

教授走进练习室。学生再也忍不住了，他必须向钢琴大师提出这3个月来何以不断折磨自己的质疑。

教授没开口，他抽出了最早的第一份乐谱，交给学生。"弹奏吧！"他以坚定的眼神望着学生。不可思议的事发生了，连学生自己都惊讶万分，他居然可以将这首曲子弹奏得如此美妙、如此精湛！教授又让学生试了第二堂课的乐谱，学生仍然有高水平的表现。演奏结束，学生怔怔地看着老师，说不出话来。

"如果我任由你表现最擅长的部分，可能你还在练习最早的那份乐谱，不可能有现在这样的表现。"教授缓缓地说。

人，往往习惯于表现自己所熟悉、所擅长的领域。但如果我们愿意回首，细细检视，将会恍然大悟，看似紧锣密鼓的工作挑战、永无遏止、难度渐升的环境压力，也就在不知不觉间养成了今日的诸般能力只要你敢于去尝试，什么奇迹都可能发生在你身上。相信自己的潜能，你就可以战胜自己人性中的弱点，你会勇于接受挑战，把自己丢进新条件、新情况、新问题中，破釜沉舟、背水一战，置之死地而后生。因为，人确实有无限的潜力。有了这层体悟与认知，会让我们更欣然乐意地面对未来更多的难题。人的能力是无限的，人的智慧和想象力具有很大的潜力，充分挖掘它，发挥丰富创造力，会做出使自己都感到吃惊的成绩来。

拥有了积极的心态后，除了挑战自我的行为之外，还有下面几种行为方式来引导潜能：

1. 在使用中挖掘潜能

要挖掘潜能，必须使用已有的能力。只有使用能力，能力才能产生实际作用。哪怕你已经具有了某种能力，可是搁置一旁，废弃不用，严格地说它也只能算是潜在能量，对现实毫无作用。很多没上过专门学校的推销员比那些专门学营销专业的大学生的推销能力强得多，正是由于他们在"使用中开发潜能"的缘故。

2.　选准最易突破的一点

面对五花八门、种类繁多的各种潜能，并不需要你对每一种潜能都投入完全一样的时间成本、精力成本去大力开发，那不仅会分散有限的精力，而且也很不现实。我们在全面了解、重视整体潜能的同时，还应根据自己的优势，集中力量，选准一种关键潜能进行开发，取得突破，这样才能盘活整体潜能。开发潜能一定要选准最易突破的一点，以求尽快突破。

3.　充分考虑自身的客观条件

要根据自身的天赋和资质，特别是根据自身的优势和特长来确定应当着重开发的潜能。只有这样，才能使潜能的挖掘事半功倍。人人都有自己的优势才能，人人都有自己的最佳发展区。开发潜能一定要根据自身的天赋、资质等客观条件，大力开发优势潜能，否则，费时费力还不讨好。最新教育观提出：由于每个人的特点不同，故而"每个人都应当有自己的课程"。每个人开发潜能，都要根据自身特点，设计出自己开发、利用潜能的蓝图。

4、承受适当的压力

人往往都有惰性，只有在一定的压力下，才能最大限度地开发自身的潜能。压力是促使人进步的最好动力。著名科学家贝弗里奇说："人们最出色的工作往往是在逆境中做出的，思想上的压力，甚至肉体上的痛苦，都可能成为精神上的兴奋剂。很多作家、画家平时灵感难寻，只有在交稿时间迫近造成的压力下，大脑里才容易涌现出灵感。"创造学之父奥斯本说："多数有创造力的人，其实都是在期限的逼迫下从事工作的。决定了期限，他们就会产生对失败的恐惧感，因此，在工作时就会加上情感的力量，会使得工作更加完美。"他还说："谁被逼到角落里，谁就会有出奇的想象。"当然，压力不能过大，压力过大，就会把人给压怕了、压趴了。压力适度，不但是行动的最好保障，而且往往能使人把潜能发挥到极致，从而创造出令人震惊的奇迹。

在所有能飞的动物里，大黄蜂是一个另类。据说，曾经有几位动物学家，一起探讨动物飞翔的原理，得出一致的结论：凡是会飞的动物，其形体构造必须是身躯轻巧而双翼修长的。话音刚落，恰巧数只大黄蜂飞临现场，在座的动物学家见状，顿时面面相觑，一阵尴尬。

于是，他们带着一只大黄蜂标本，前去请教一位物理学家。这位物理学家仔细地揣摩了半天，望着大黄蜂如此肥胖、粗笨的体态再配上一对短小的翅膀，最后也困惑地摇摇头：不可思议。根据流体力学原理，它应该是飞不起来的。

无奈之下，他们又请来了一位社会行为学家，不等听完他们的解释，这位社会行为学家就笑了，颇有无幽默感地说——这难道会是一个问题吗？答案很简单呀！奥秘就是：今生，它必须飞起来，否则，大黄蜂只有死路一条。幸亏没有学过生物学，也不懂什么流体力学，否则，大黄蜂可能从此再也不想、也不敢飞起来了。

5. 学会自我激励

在任何时候、任何地点、任何困难的情况下，都要记得给自己希望，运用自我激励的作用，充分激发潜能，用积极的态度面对人生。要大声鼓励自己，大声地告诉自己，我能行！甚至你可以站在镜子面前，看着自己的眼睛，真诚地表述自己的愿望，看着自己，告诉自己一定会成功！当出现一些小失误、小挫折时，要避免用失败的教训来提醒自己，而应该多用一些积极性的自我激励，如"没关系，很快就会好起来"，"再努力一点就好了"等等。这样做了之后你会发现你的心情会更加积极乐观，思维、行动的效率也会提高。

通过心态指导行为，通过行为激发潜能，这样人生就有了充足的力量保证。只要我们坚信这种力量，不畏惧任何失败，那么在任何困境下，我们都会自觉爆发这样的神奇力量！

第四节　学会调控情绪

如果心态是内心的一种想法，情绪则是心态外在的一种表露。如果你不能从内心改变自己的心态，那不如尝试从外部、从情绪入手改变它！

一

成功没有坦途，那么在奔向成功的旅程中我们必须学会调控自己的情绪。情绪影响着每个人的心态。情绪好时，心态也会变好；内心充满干劲，就会有强烈的上进心。

有一个法国人，42 岁了仍一事无成，他自己也认为自己倒霉透了：离婚、破产、失业……他不知道自己的生存价值和人生的意义。他对自己非常不满，变得古怪、易怒，同时又十分脆弱。

有一天，一个吉普赛人在巴黎街头算命，他随意试了一试。

吉普赛人看过他的手相之后，说："您是一个伟人，您很了不起！"

"什么？"他大吃一惊，"我是个伟人，你不是在开玩笑吧？"

吉普赛人平静地说："您知道您是谁吗？"

"我是谁？"他暗想，"是个倒霉鬼，是个穷光蛋，是个被生活抛弃的人！"

但他仍然故作镇静地问："我是谁呢？"

"您是伟人，"吉普赛人说，"您知道吗，您是拿破仑转世！您身上流的血、您的勇气和智慧，都是拿破仑的啊！先生，难道您真的没有发觉，您的面貌也很像拿破仑吗？"

"不会吧……"他略带迟疑地说，"我离婚了……我破产了……我失业了……我几乎无家可归……"

"嗨，那是您的过去，"吉普赛人只好说，"您的未来可不得了！如果先生您不相信，就不用给钱好了。不过，5年后，您将是法国最成功的人啊！因为您就是拿破仑的化身！"

法国人表面装作极不相信地离开了，但心里却有了一种从未有过的伟大感觉。他对拿破仑产生了浓厚的兴趣。回家后，就想方设法找与拿破仑有关的一切书籍著述来学习。渐渐地，他发现周围的环境开始改变了，朋友、家人、同事、老板，都换了另一种眼光、另一种表情对他；事业也开始顺利起来。

事实上，一切都没有变，是他自己变了，是他内心变了，是他情绪变了。当他觉得自己伟大时，他就以伟人的态度对待自己，所以他以为，别人都对他刮目相看。他从以前的消极悲观到如今的事业有成，而这一切最重要的是他转变了自己的情绪，从而改变了自己面对生活的心态。

情绪的变化与生理状态是分不开的，情绪可直接影响植物性神经系统的功能。比如人在激动、紧张时，会出现心率加快，血压上升。呼吸急促，胃肠道活动受到抑制，恐惧时可见呼吸暂时中断，脸色发白，出冷汗。悲伤时则胃肠道蠕动和消化液的分泌都减少、引起食欲减退。而在心情愉快时，胃肠道蠕动和消化液分泌都会增强。情绪还会导致内分泌的改变。人如果长期处于某种消极的情绪状态如压抑、紧张、悲伤中，体内的正常生理活动就会被打乱。

人的情绪状态还会影响他的各种活动。如果某种活动与愉快的情绪体验联系在一起，人就很乐意参加，而且有兴趣，反之则会引起人的厌恶和拒绝。所以，如果我们想要调节自己的情绪，改变自己的心态，那么就要改变自己的生理状态。

生理状态是我们所拥有的立时改变情绪，立时获得成效的最有效的工具。有句老话是这么说的："如果你想无所不能，那就装得无所不能吧！"。如果要得到期望的人生，如果希望发挥出巨大的潜能，那就得使生理状态尽量地处于生龙活虎的状态，如此方能带来无所不能的行动。

如果你装得很活泼、很有劲，很自然地你就能进入那种状态。在任何情况下，由于生理状态的改变是既快又有效，所以被认为是扭转情绪最有力的杠杆。俗话说："没有身，则没有心。"或"没有心，则没有身。"如果你能改变，也就是说，改变你的举止、精神、语气，你就能立刻改变你的心态。

你是否记得精疲力竭的经历？当时你对周围有何感觉？当你觉得身体疲倦、衰弱、疼痛时，对周围的认知绝对是跟你在活跃有劲时，有很大的差异。如果你希望能控制自己的情绪，那就好好控制你的生理状态吧！当你觉得精疲力竭时，你的思绪就跟着停滞，内心就会产生惰性、郁闷；若你觉得活跃有劲，你的思绪就跟着飞扬，内心也充满自信、进取心。

由此可见，生理状态实在是情绪改变的杠杆。事实上，你若没有相对的生理状态的改变，就不会有应有的情绪；你若没有相对的情绪改变，就得不到应有的生理状态。

如果你开始觉得有点疲倦，这时你便会不断地告诉自己，做出这样的生理状态：把两肩垂下来，全身的肌肉都松弛。你也可以输送个疲倦的讯号给神经系统，那么你就会产生疲倦的状态。如果你能改变你的生理状态，像是很强壮的样子，那么你神经系统得到的讯号便会跟着而变，呈现出相对的状态。如果你不断地告诉自己疲倦，那么大脑便会使你维持疲倦的状态。如果你说你朝气蓬勃，并且下意识地装出相应的生理状态，你的身体就真的变得活跃有劲。只要改变生理状态，你就能改变情绪。

常有人找卡耐基，说他办不了某件事，卡耐基就说："装作你能办得到。"通常他们会回答不知道该如何假装。卡耐基就说："就装作你知道怎么假装。你在举止上、神情上、呼吸上，都做出应该是的样子。"当他真的装出应有的动作时，马上就觉得他能办得到。像这样去配合以及改变生理状态所做出的惊人成效，几乎屡试不爽。

改变生理状态，你就可以做出以前所办不到的事。因为他们生理状态改变的时刻，也就是情绪改变的时刻。而情绪深刻的影响着心态的变化。

二

改变自己的生理状态是调控情绪、改变心态的一个方法。还有一些其他的方法，我们可以尝试。

第一，学会宣泄。

宣泄的途径有许多，最常见的有：

①倾诉。有些孩子一旦有了烦恼，就只会把烦恼放在心里，不会说出来。当烦恼在心中时间久了之后，会让人形成内向的性格。表现出悲观、抑郁的心态。如果在自己烦恼的时候找一个人谈谈，或是把烦恼和朋友说说，这对自己会有很大的帮助。比如，孩子可以向父母、老师或者是同学说一下自己的烦恼。毕竟，父母或是老师都是有经验、有阅历的人，他们看问题深刻、全面，有时父母和老师的一席话就可以解决自己的烦恼。至于同学，因为大家都是同龄人，或许你的烦恼也曾经是他的烦恼，如果你把自己的烦恼说出来，或许他就可以帮助你。总之，不要总是把自己圈在一个小圈子里，而是要把自己解脱出来。

②听音乐，活动一下身体。当人在心烦的时候，听上一段美妙的音乐，就可以让人的心情非常舒畅。要知道，音乐可以净化心灵，让浮躁的心理安静下来。因此，多听一些音乐，可以让人心胸开阔，忘掉烦恼。锻炼身体也可以振奋精神，调节情绪。心里烦躁时出去打打球、跑跑步是很有必要的。骑车、划船、野游是改变心境的好方法。那美丽动人的自然风光，那沁人心脾的空气，都可以使人心情豁然开

朗,将一切烦恼抛在脑后的。

③转移注意力。如果心烦意乱,就不要再想勾起烦恼的人或事,就要尽量转移注意力。比如,如果考试没有考好,就不要再想有关考试的事情,可以想一下高兴的事情,像是自己的生日要怎么过之类的;当自己陷入苦闷、烦恼中的时候,就不要再想那些烦恼的事情了,可以看看电影和电视,回忆一下自己最幸福、最高兴的时刻,把消极情绪转移到积极情绪上去,冲淡以至忘却烦恼,使情绪逐步好转起来;有什么难以解决的事情,也可以先将其放下不想它,让自己的思维长上翅膀,自由畅想,让自己到幻想中的世界去遨游,这样免得自己为难解的事儿去钻牛角尖,给自己带来无端的烦恼。

第二,学会换位思考。

当和别人发生了矛盾,产生了不满、敌对、嫉妒等强烈情绪时,如果能换位思考,和对方调换一下角色,想一想假如自己是对方该怎么办,就容易理解对方的做法,从而改变一些自己的原有看法,减轻消极情绪。其实,每个人都要有自知之明,要认识到自己的长处和短处,要站到对方的角度上想问题,学会换位思考。要学会谅解、谦让。这样在遇到问题时就能正确对待,就不会生一些不该生的气。

第三,学会冷静地对待问题。

感情表露是人修养的外在表现。对事物要客观地认识,心胸开阔。对待挫折要能静下心来分析原因,是主观原因还是客观原因,努力寻求帮助,或者思考解决方案。学习不好是学习方法问题就需找适合自己的学习方法,是因为自己期望太高的问题就要降低期望。对待矛盾要静心思考,三思而言、而行,不为一点小事而动怒。

要生气的时候,要立即采取一些节制措施。比如,当自己觉得要发脾气时,就要赶快提醒自己,现在应该控制一下自己的情绪了;当遭遇到让人生气情景时,不妨试试延缓10秒钟再爆发,可以慎重考虑一下,如果现在生气会带来什么后果,要避免冲动行事。如果遇到一些自己不以为然的事，不强迫自己去喜欢，可以不喜欢它，但没必要非生气不可。

人在生活中难免会产生不良情绪，如果不采取适当的方法加以宣泄和调节，压在内心也会对身心产生消极影响。因此，如果我们有不愉快的事情及委屈，不要压在心里，而要通过适当方法宣泄。这种发泄可以释放郁积于内心的烦闷忧愤，使你很快找回平静，对于人的身心健康是有利的。同时，他也会在不知不觉中改变你的悲观心态，让你发现乌云背后的阳光。

人的一生不可能总是一帆风顺的，在遇到挫折和失败时，适当的调控情绪可以帮助我们调整自己的心态，从而战胜困难。

杰克逊是一位犹太裔心理学家。第二次世界大战期间，他和全家人都被关押在纳粹集中营里，而且受尽了折磨。没多久，家人不堪忍受纳粹的残酷折磨纷纷离他而去，只留下一个妹妹和他相依为命。当时，他的处境也十分艰难，随时都面临着死亡的威胁。

刚开始的时候他痛苦不堪，难以忍受，有时忍不住愤怒，又忍不住啜泣，几度绝望。后来有一天，他忽然悟出了一个道理：就客观环境而言，我受制于人，没有任何自由；可是，我的自我意识是独立的，我可以自由地决定外界刺激对自己的影响程度。他认为自己完全有选择如何作出反应的自由与能力。

于是，他靠着各种各样的记忆、想象与期盼不断地调节自己内心的情绪，充实自己的生活和心灵，让自己不陷入痛苦、悲伤的境地中，也因此磨炼了自己的意志，让自由的心灵超越了纳粹的禁锢，看到了生命的希望。他的这种行为和手段也影响了其他狱友，他们之间相互鼓励，一直到战争结束，最后他们终于重见天日。

有的人容易被自然环境左右，被天气环境左右，天气好心情好，天气不好心情也不好；有的人容易被别人左右，别人的行为会伤害他，别人的语言也会伤害他。

事实上，我们可以调控自己的情绪，不被环境、他人左右，甚至不畏挫折、困境左右。很多乐观的人都善于控制自己的情绪，能够让自己活在快乐之中。人生在世，总会遇到很多悲伤与痛苦，如果不能调控自己的情绪，就会成为情绪的奴隶，又何来乐观心态？斯摩尔曾经说过："做情绪的主人，驾驭和把握自己的方向，使你的生命按照自己的意图提供报酬。记住，你的心态是你——而且只是你一唯一能够完全掌握的东西，学着控制你的情绪，并利用积极心态来调节情绪，就能超越自己，走向成功。"

悲观的人总是受累于情绪，似乎烦恼、压抑、失落甚至痛苦总是接二连三地袭来，于是频频抱怨生活对自己不公平，企盼某一天欢乐从此降临。但喜怒哀乐是人之常情，想让自己生活中不出现一点烦心之事几乎是不可能的，关键是如何有效调整、控制自己的情绪，做生活的主人，做情绪的主人。

在我们走向成功的道路上，会出现大大小小、不同程度的挫折和失败。我们应该尝试通过调控自己的情绪来使自己拥有一个好的心态，去战胜自我、战胜环境。

第二篇　摆脱消极心态

　　心态决定你人生的色彩。树立良好的心态至关重要。本篇对中小学生三个方面常见的消极心态做了介绍，以大量事例做基础，并力图用简单易行的调节方法帮助大家排除消极心态，培养积极心态。当你处于自卑、恐惧、懒惰等消极心态的时候，认真践行此书的忠告，就能获得改变人生的力量！

第一章　产生失败的消极心态

　　失败是人生的一种常态。不经历风雨怎能见彩虹，但是也有许多人风雨过后，"生病了"，陷入失败的消极心态中去了。本章就介绍一些产生失败的消极心态及调节方法，希望能帮助同学们改变自己。

第一节　自卑

　　男人，女人，甚至最骄傲的人都有某种"自卑感"。漂亮的人怀疑自己的智慧，强有力的人怀疑自己的魅力。（法国犹太作家　安德烈·莫洛亚）

　　自卑并不可怕，可怕的是你陷入进去，不可自拔！

一

自卑是一种侵蚀自我的寄生虫。在它的侵蚀下，我们常常沉溺在痛苦的深渊而不能自拔，并且创造更多的可以原谅自己的借口。不管你承认与否，自卑者面对生活缺乏勇气，不能与强大的外力相抗衡，致使自己在痛苦的陷阱中挣扎。

自卑是一种消极自我评价或自我意识，即个体认为自己在某些方面不如他人而产生的消极情感。自卑感就是个体把自己的能力、品质评价贬低的一种消极的自我意识。自己瞧自己不顺眼，自己总觉得自己矮人一头。当然这"不顺眼"、"矮一头"都是以别人为参照物的："我皮肤黑"，是和别人比而显得"黑"；"我个子矮"，矮是相对于高而言的；"我眼睛小"，世界上有许多大眼睛的人，才衬托出了"小"。这些和别人不一样的地方，实实在在摆在那里，让你藏不了、躲不了、否不了、忘不了，于是你有了自卑的理由。你可怜自己又恨自己，于是耗费大量的心理能量和时间精力，沉溺在现有的状态中，无视生活中美好的一面。认为自己事事不如人，自惭形秽，丧失信心，进而悲观失望，不思进取，最终一事无成。

有个女孩儿为了自己耳朵上的一个小眼儿非常自卑，于是便去找心理医生咨询。医生问她："眼儿有多大，别人能看出来吗？"她说她梳着长发，把耳朵盖上了，眼儿也只是个小眼儿，能穿过耳环，不过不在戴耳环的位置上。

医生又问她："有什么要紧吗？"

"哦，我比别人少了块肉呀，我为此特别苦恼和自卑！"

现实生活中像她这样的人实在是太多了，这种人诉说他们因为某种缺陷或短处而特别自卑。把这些缺陷或短处集中起来，几乎无所不包：什么胖啦、矮啦、皮肤黑啦、汗毛重啦，什么嘴巴大、眼睛小、头发黄、胳膊细啦，什么脸上长了青春痘、说话有口音、不会吃西餐、家里没有钱啦，统统都是自卑的理由，而"耳朵上的一个小眼儿"大概是其中之最了。

当我们把目光从自卑的人身上转到那些自信的人身上时，便会有新的发现：上帝并不是对他们宠爱有加，让他们全都完美无瑕。如果用"耳朵上的小眼儿"这样的尺度去衡量，他们身上的种种缺陷也可怕得很呢。拿破仑的矮小，罗斯福的瘫痪，丘吉尔的臃肿，哪一条不比"耳朵上的小眼"更令人痛不欲生？可他们却拥有辉煌的一生！

自卑其实都是自找的。具有自卑感的人若被自卑感所控制，其精神生活将会受到严重的束缚，聪明才智和创造力也会因此受到影响而无法正常发挥作用。所以，自卑是束缚创造力的一条绳索，也是禁锢你人生的枷锁。

1951年，英国有一位名叫弗兰克林的人，从自己拍得极好的脱氧核糖核酸的X射线衍射照片上发现了DNA的螺旋结构之后，他就这一发现做了一次演讲。然而由于弗兰克林生性自卑，又怀疑自己的假说是错误的，从而放弃了这个假说。1953年在弗兰克林之后，科学家沃森和克里克，也从照片上发现了DNA的分子结构，提出了DNA双螺旋结构的假说，从而开启了生物时代的大门，二人因此而获得了1962年度诺贝尔医学奖。可想而知，如果弗兰克林不是自卑，而是坚信自己的假说，进一步进行深入研究，这个伟大的发现肯定会以他的名字载入史册的。

自卑是人性最大的弱点。如果一个人陷入自卑的泥潭，就等于削减自己的能力，抹杀自己的生命。在日常生活中，自卑的人遇事常常会这样想："我没有把握能将这件事做好。""这件事我无论如何也做不了，我不是这块料。"一件事在没做之前，就不抱成功的希望，没有追求的勇气，一开始就从心理上自己打击自己，这种自卑比其他任何因素都更能毁掉一个人的生活，使人充实不起来，快乐不起来，潇洒不起来。

有人说，假使我们自比于泥土，我们就真的成为让每个人践踏的东西了。的确，一个连自己都瞧不起自己的人，怎么能够得到别人的尊重呢？

卡耐基说过："你应坚信，你是世界上独一无二的，你应接受自己、欣赏自己、相信自己的潜力，你和我都具有这样的潜能，所以，不要浪费时间去担忧自己的与众不同。无论是好是坏，你都得耕耘自己的土地；无论是好是坏，你都得弹起生命中的琴弦。"所以，人不应该自卑，而应当有信心战胜自卑。一旦你突破了自卑的羁绊，就会对自身的内在潜能有全新的评价。而你在不久的将来，定会有所作为。

二

有谁愿意成为一个自卑的人呢？大概没有。

但是许多数人都会有自卑的心态，在学习如何克服自卑之前，我们先来了解一下自卑的产生原因。

人为什么会产生自卑感呢？

著名的奥地利心理分析学家阿德勒在《自卑与超越》一书中提出了富有创见性的观点，他认为人类的所有行为，都是出自于"自卑感"以及对于"自卑感"的克服和超越。

阿德勒认为人人都有自卑感，只是程度不同而已。无论是伟人还是平常人，都会在某一些方面表现出优势，在另一些方面表现出劣势，也会或多或少地遭受挫折或得到外部环境的消极反馈。

我们都发现自己所处的地位是自己希望加以改进的，人类欲求的这种改进是无止境的，因为人类的需要是无止境的。所以人类不可能超越宇宙的博大与永恒，也无法挣脱自然法则的制约，也许这就是人类自卑的最终根源。当然，从哲学角度对人类整体状况分析，人类产生自卑是无条件的，不过，对于具体的个人，自卑的形成则是有条件的。

从环境角度看，个体对自己的认识往往与外部环境对他的态度和评价紧密相关。这点早已为心理学理论所证实。例如某人的书法很不错，但如果所有他能接触到的书法家和书法鉴赏家都一致对他的作品给予否定性评价，那就极有可能导致他对自己书法能力的怀疑，从而产生自卑。

从主体角度来看，自卑的形成虽与环境因素有关，但其最终形成还受到个体的生理状况、能力、性格、价值取向、思维方式及生活经历等个人因素的影响，尤其是其童年经历的影响。弗洛伊德认为，人的童年经历虽然会随着时光流逝而逐渐淡忘，甚至在意识层中消失，但仍将顽固地保存在潜意识中，对人的一生产生持久的影响力。所以，童年经历不幸的人更易产生自卑。我们都有过这样的体验：孩提时，总觉得父母都比我们大，而自己是最小的，要依靠父母，仰赖父母；另一方方面，父母也会强化这种感觉，令我们不知不觉地产生了"我们是弱小的"这种感觉，从而产生了自卑。

自卑感的产生，往往并非认识上的差异，而是感觉上的差异。其根源就是人们不喜欢用现实的标准或尺度来衡量自己，而是相信或假定自己应该达到某种标准或尺度。如"我应该如此这般"、"我应该像某种人一样"等。自卑感较强的人，常常通过牺牲自己的权力而让旁人来证实自己。自卑是一种不健康的心理，一种人格缺陷。它会影响自己对自己正确、客观的判断，不能客观地、正确地看待自己和自己周围的人和事。

要想不被周围的环境所俘虏，走出自卑，就需要敢于面对挑战，并迎接它、战胜它、超越它。

三

如果生命中只剩下一个柠檬，自卑的人说，我垮了，我连一点机会都没有了，然后他就开始诅咒这个世界，让自己沉浸在可怜之中。

自信的人说，从这个不幸的事件中，我可以学到什么呢？我怎样才能改善我的情况，怎样才能把这个柠檬做成柠檬水呢？

这是自卑者与自信者对待事情的不同心态。那么，该如何克服自卑呢？

1. 正确认识自己和环境。就是通过全面、辩证地看待自身情况和外部评价，认识到人不是神，既不可能十全十美，也不会全知全能这样一种现实。人的价值追求，主要体现在通过自身智力，努力达到力所能及的目标，而不是片面的追求完美无缺。对自己的弱项或遇到的挫折，持理智的态度，既不自欺欺人，也不将其视为天塌地陷的事情，而是以积极的方式应对现实，这样便会有效地消除自卑。

球王贝利的名声早已为世界众多足球迷所称道，但如果说，这位大名鼎鼎的超级球星曾是一个自卑的胆小鬼，许多人肯定会觉得不可思议。

刚出道的贝利可一点也不潇洒。当他得知自己已入选巴西最有名气的桑托斯足球队时，竟然紧张得一夜未眠。他翻来覆去地想着那些著名球星们会笑话我吗？万一发生那样尴尬的情形，我有脸回来见家人和朋友吗？他甚至还无端猜测即使那些大球星愿意与我踢球，也不过是想用他们绝妙的球技，来反衬我的笨拙和愚昧。如果他们在球场上把我当作戏弄的对象，然后把我当白痴似的打发回家，我该怎么办？怎么办？

一种前所未有的怀疑和恐惧使贝利寝食不安，因为他根本就缺乏自信。

分明自己是同龄人中的佼佼者，但忧虑和自卑，却使他情愿沉浸于希望，也不敢真正迈向渴求已久的现实。

贝利终于鼓起勇气来到了桑托斯足球队，那种紧张和恐惧的心情，简直没法形容。"正式练球开始了，我已吓得几乎快要瘫痪。"他就是这样走进一支著名球队的。原以为刚进球队只不过练练盘球、传球什么的，然后便肯定会当板凳队员。哪知第一次，教练就让他上场，还让他踢主力中锋。紧张的贝利半天没回过神来，双腿像长在别人身上似的，每次球滚到他身边，他都好像是看见别人的拳头向他击来。在这样的情况下，他几乎是被硬逼着上场的，而当他一旦迈开双腿便不顾一切地在场上奔跑起来时，他便渐渐忘了是跟谁在踢球，甚至连自己的存在也忘了，只是习惯性地接球、盘球和传球。在快要结束训练时，他已经忘了桑托斯球队，而以为又是在故乡的球场上练球了……

那些使他深感畏惧的足球明星们，其实并没有一个人轻视他，而且对他相当友善。如果贝利的自信心稍微强一些，也不至于受那么多的精神煎熬。问题是贝利从小就太自尊，自视太高，以至难以满足自我。他之所以会产生紧张和自卑，完全是因为把自己看得太重。一心只顾虑别人将如何看待自己，而且还是以极苛刻的标准为衡量尺度。这又怎能不导致怯懦和自卑呢？极度的压抑会本身所具有的活力和天赋。

2. 转移注意力。将注意力转移到自己感兴趣也最能体现自己价值的活动中去，可通过致力于书法、绘画、写作、制作、收藏等活动，从而淡化和缩小弱项在心理上的自卑阴影，缓解心理的压力和紧张。

3. 寻找自卑的根源。一般要由心理医生帮助实施。其具体方法是通过自由联想和对早期经历的回忆，分析找出导致自卑心态的深层原因，使自卑症结经过心理分析返回意识层，让求助者领悟到：有自卑感并不意味自己的实际情况很糟，而是源自潜藏于意识深处的症结，让过去的阴影来影响今天的心理状态，是没有道理的。从而"顿悟"，从自卑的情绪中摆脱出来。

4. 作业方式。如果自卑感已经产生，自信心正在丧失，就可采用作业方式。方法是先寻找某件比较容易也很有把握完成的事情去做，成功后便会收获一份喜悦，然后再找另一个目标。在一个时期内尽量避免承受失败的挫折，以后随着自信心的提高逐步向较难、意义较大的目标努力，通过不断取得成功使自信心得以恢复和巩固。一个人自信心的丧失往往是在持续失败的挫折下产生的，自信心的恢复和自卑感的消除也得以一连串小小的成功开始，每一次成功都是对自信心的强化。自信恢复一分，自卑的消极体验就将减少一分。

5. 补偿方式。即通过努力奋斗，以某一方面的突出成就来补偿生理上的缺陷或心理上的自卑感。强烈的自卑感，往往会促使人们在其他方面有超常的发展，这就是心理学上的"代偿作用"，即通过补偿的方式扬长避短，把自卑感转化为自强不息的推动力量。每个人的天赋不同，处境不同，面临的机遇不同，成功的程度和方向也不会相同。暂时的失败，并不意味着永远不成功。通往成功的道路上，完全不必为"自卑"而彷徨，只要把握好自己，成功的路就在脚下。

从心理学上看，这种补偿，其实就是一种"移位、变位"，为克服自己生理上的缺陷或心理上的自卑感，而发展自己其他方面的特征、长处、优势，赶上或超过他人的一种心理适应机制。事实上，也正因为如此，自卑感就成了许多成功人士成功的动力，变成他们超越自我的"涡轮增压"。同样，生理有缺陷的人也可以补偿自己。人身体是具有"用进废退"功能的：盲人失明，耳朵就特别灵；腿有毛病，手就特别灵巧。所以，当我们因生理有缺陷而产生一种不如健康人的自卑感的时候，可以这样想：虽然我的眼睛看不见，但我的耳朵比你灵；单就生理素质看，咱俩也是等量齐观的，我并不比你矮半截。其实，人是靠心灵称雄的。一个身体健康的人，如果头脑空虚，那他不过是空有躯壳；一个病残的人，如果内心世界丰富，正如阴暗背景的闪光，更显得耀目，更能得到人们的爱戴。问题是，首先要自己看得起自己，然后才能希求不被别人轻视。

解放黑奴的美国总统林肯，补偿自己不足的方法就是通过教育及自我教育。他拼命自修以克服早期的知识贫乏和孤陋寡闻，他在烛光、灯光、水光前读书，尽管眼眶越陷越深，但知识的营养却对自身的缺陷作了全面补偿，最后使他成了有杰出贡献的美国总统。贝多芬耳朵全聋后还克服自卑写出了优美的《第九交响曲》。

自卑感具有使人前进的反弹力，由于自卑，人们会清楚甚至过分地意识到自己的不足，这就促使你努力纠正或者以别的成就（长处）弥补这些不足。这些经历将使你的性格受到磨砺，而坚强的性格正是获取成功的心理因素。

在生活中，通过改变一些行为习惯也能克服自卑。

1. 练习当众发言。大家都知道，在公共场合讲话，往往需要巨大的勇气和胆量，这是培养和锻炼自信的重要途径。在我们的日常生活中，有很多思路敏锐、天资颇高的人，却无法发挥他们的长处参与讨论。这不代表他们不想参与，而是他们的自卑心理在作祟。在大庭广众下，沉默寡言、有自卑心理的人会认为自己的意见可能没有价值，如果说出来，别人可能会觉得很愚蠢，我最好什么也别说，而且，其他人肯定懂得比我多，我并不想让他们知道我是这么无知。这些人常常会对自己许下渺茫的诺言等下一次再发言。可是他们很清楚自己是无法实现这个诺言的。每次的沉默寡言，都是又中了一次自卑的毒素，就这样，他只会愈来愈自卑。

站在积极的角度来看，如果在公共场合尽量发言，就会增加信心。不论是参加什么性质的会议，每次都要主动发言。有许多原本木讷或有口吃的人，都是通过练习当众讲话而变得自信起来的，如萧伯纳、田中角荣、德摩斯梯尼等。因此，当众发言是建立信心的一个很有效的方法。

2. 学会微笑。微笑能带给人自信，来自内心深处的笑，不但能治愈自己的不良情绪，还能马上化解别人的敌对情绪。如果你真诚地向对方展颜微笑，他就会对你产生好感，这种好感足以使你充满自信。正如一首诗所说："微笑是疲倦者的休息，沮丧者的白天，悲伤者的阳光，大自然的最佳营养。"

许多人之所以能做成大事，就是因为他们能超越自卑。

罗忠福在少年时代曾为自己出身于资本家的家庭而自卑过。在中学时代，罗忠福就遭到别人的歧视与批判。大学只读了半年，就因为家庭成分问题而被当地卡住户口，只好退学。在罗忠福20岁时，他的父亲辞别了人世，母亲只好给人看孩子、洗衣服、挑煤以维持生活。母亲被迫干这种低贱的工作，使敏感的他深深感觉到人生的耻辱。

25岁时，他被分配到一家小工厂当合同工，师傅竟也看不起他，讥笑他说："会读书有什么用，还不是给我这个不会读书的人当学徒？"面对命运的不公、屈辱和刻薄，他陷入了深深的自卑中。一天，他在长江边徘徊，一发呆就是一整天。他真想往长江中一跳，以死来解脱这折磨人的自卑与屈辱。

可就是这个自卑得想轻生的年轻人，发愤寻找人生的新道路。当他从"文革"牢狱里出来时，年龄已经40岁了。可他并没有向命运低头，他从此开始，学习经商，不畏失败挫折，顽强奋斗十多年，终于成为亿万富翁，成为世界知名的中国民营企业家。

由此可以看出，只要你愿意去克服自卑心理，付诸行动，一个全新的"我"，将会使你走向成功！

自卑心理是中小学生中比较常见的一种心理问题。一个人如果长期被过重的自卑心理所笼罩、支配，就会失去自信，影响自身潜能的发挥，一遇到竞争就甘拜下风，不战而退，失去应有的勇气，与许多成功的机会失之交臂。

在日常班级管理中，教师要特别注重引导学生全面、辩证地看待自己，正确地认识、评价自己。不仅要如实地看到自己的短处，也要恰如其分地看到自己的长处，切不可因自己的某些不如人之处而看不到自己的如人之处和过人之处。引导学生积极去寻找和发现自己的闪光点，有了进步及时给他们鼓励，让他们体会到成功的愉悦，从而找到自信的感觉。另外还要让学生学会正确地归因，客观分析失败的原因，不能因一次失败，就认为自己能力不行。很可能这次失败的原因是多方面的，不一定是能力不足造成的。

世上大部分不能走出生存困境的人都存在信心不足的问题，他们就像一棵脆弱的小草一样，毫无信心去经历风雨。但是，自卑同样能促使人走向成功，令人难堪的种种因素往往可以作为发展自己的跳板，只要你敢于超越自卑。所以，一个人的真正价值，首先取决于能否从自我设置的陷阱里超越出来，而真正能够解救你的这个人——就是你自己，即所谓"上帝只帮助那些能够自救的人"。

第二节　恐惧

恐惧是一面哈哈镜，它那夸张的力量把一个十分细小的、偶然的筋肉悸动变成大得可怕、漫画般清楚的图像，而人的想象力不从心。一旦被激起，又会像脱缰的马一般狂奔，去搜寻最离弃、最难以置信的各种可能。（奥地利作家　茨威格）

如果你时常恐惧，那么你应该问问自己："我到底在恐惧什么？"唯一令我们恐惧的是我们的内心！

一

恐惧是人的情感中难解的症结之一。

一方面，人们感到害怕和恐惧，或许也是一件可喜的事情。当原子弹、病菌，以及社会的道德困境威胁人类的生存和幸福时，我们会感到恐惧。正是人的这种心理机制给我们提出了警告，使我们避免了许多危险而生存下来。如果我们想继续生存下去，就必须学会如何避免可怕的、有害的事物。从这个角度来讲，恐惧感也绝不是一件坏事。

在人类文明史上，所有发明和发现在某种意义上都是人们恐惧和焦虑的副产品。人类因为害怕黑暗，便努力寻找办法去克服它，于是发明了取火的技术、掌握了发电的方法；人类因为害怕痛苦，于是发明了医术，掌握了外科手术、麻醉方法和治疗技术。如果人类有一天不再感到害怕了，那么也就失去了进步的可能性。恐惧的感觉常常激励我们去创造和发明使我们免于恐惧的手段。从这方面讲，恐惧促进了人类的进步，于人类是有益的。

另一方面，恐惧阻碍了个人的健康发展。面对自然界和人类社会，生命的进程从来都不是一帆风顺、平安无事的，总会遭到各种各样的挫折、失败和痛苦。当一个人预料将会有某种不良后果产生或受到威胁时，就会产生一种不愉快的情绪，并为此而紧张不安，程度从轻微的忧虑一直到惊慌失措。现实生活中，每个人都可能经历某种困难或危险的处境，从而体验不同程度的焦虑。恐惧作为一种生命情感的痛苦体验，是一种心理折磨。人们往往并不为已经到来的或正在经历的事而惧怕，而是对结果的预感产生恐慌。

许多人面对梦想路上的各种挑战，虽然曾在众人面前表过决心，发过誓言，但因为他们决心的强烈程度并没有达到无坚不摧的程度，所以他们时常会对自己的决心心怀恐惧——我为什么一定要努力打拼去成就一番事业？我为什么一定要头悬梁、锥刺股，努力学习？我为什么要为了实现梦想，忍受常人不必经受的磨难？……

我们往往因为未来的不确定，害怕自己的付出得不到回报而产生恐惧，最终限制了自己的发展，阻碍了自己的进步。暂时的贫穷不可怕，暂时的不成功也不可怕，真正可怕的恐惧本身，恐惧比什么东西都可怕。

整日游荡在充满各种恐惧的世界里的人会呈现出一副布满焦虑和忧虑的脸孔，在他心目中，似乎人生就是永恒的失意。

不同的人的恐惧是不同的。弱者的恐惧，是在恐惧中充满疑虑；强者的恐惧，是在恐惧中仍然充满自信。对于我们个人来说，恐惧是应该被克服的，虽然它是正常的情绪。你可以恐惧，但是不能输给眼前的敌人。恐惧虽然阻碍着人们力量的发挥和生活质量的提高，但它并非是不可战胜的。只要你能够积极地行动起来，在行动中有意识地纠正自己的恐惧心理，那它就不会再成为你的威胁了。

一个嗜酒如命的男人，在一次酗酒过量之后，杀死了酒吧里某位他看着不顺眼的服务员，结果被判终身监禁。他有两个相差3岁的儿子，其中一个儿子因为时常恐惧一辈子都活在有这样一个的爸爸、被别人瞧不起的阴影里，在十几岁时染上了毒瘾，用吸毒来麻醉自己。结果没几年他也步了父亲的后尘，因为杀人进了监狱。另一个儿子现在已经是一家跨国公司的总裁，并且组建了美满的家庭。造成如此巨大的差距仅仅只是因为第二个孩子下定决心去克服这种恐惧。他在做任何重要决定前，都会不断在心底默念："我的父亲是杀人犯，这个事实虽然不能改变，但是我一定能改变自己的命运，我决心做个品德高尚、在事业上有所成就的人。"

马克·富莱顿说："人的内心隐藏任何一点恐惧，都会使他受到魔鬼的利用。"美国著名作家、诺贝尔文学奖获得者福克纳说："世界上最懦弱的事情就是害怕，应该忘了恐惧感，而把全部身心放在属于人类情感的真理上。"循着哲人们的脚步，聆听他们智慧的声音，我们还有什么可恐惧的！

在面对恐惧时，多对自己说"我一定能行"、"我一定能"、"我必须实现我的梦想"、"我能突破旧我"、"我能改变自己"等话语。这样做，可以改变我们的潜意识，让我们慢慢生出"天生我材必有用"的信心，慢慢发现原来自己也很棒、很出色。

二

恐惧产生的结果多是自我伤害，它不仅让你丧失自信心或战斗力，还能使人被根本不存在的危险伤害。在恐惧所控制的地方，是不可能达成任何有价值的成就的。有一位哲学家写道："恐惧是意志的地牢，它跑进里面，躲藏起来，企图在里面隐居。恐惧带来迷信，而迷信是一把短剑，伪善者用它来刺杀灵魂。"恐惧是一种全球性的消极心理，它到处压迫着人们。因此，我们必须了解，我们的恐惧中，有很多是年幼时当某种价值观受到威胁后所产生的后遗症。

孩子小时候所受到的批评会导致他们产生恐惧。这些批评则来自父母、亲戚或教师，而最严重的是我们同辈伙伴的批评。这些批评把我们和错误联结在一起。我们不妨联想一番，幼年时期，如果我们犯错误或失败时，父母的反应是什么？"坏孩子"、"淘气鬼"、"再不乖，就赶你出去"、"不听话，坏人来了就把你卖给坏人"。父母一时无心的责备，无形中等于给孩子的行为贴上了标签。然而不幸的是，孩子对自己的行为并无认知能力，于是造成了行为与观念的混淆，而导致不安的后果。

在充满挫折、消极的绰号以及各种批评的环境中长大的孩子，经常会成为吹毛求疵的人，缺乏足够的自尊。害怕被拒绝、害怕变化，甚至害怕尝试、害怕成功。

孩子小时候所受的教育，使他们从小就知道，有许多事情是做不好的，有许多事情是不应当去做的。小孩子一旦遭遇挫折，教育者往往会代替他们完成属于孩子的事情。于是，孩子在不断的遭遇挫折，却从未解决过、战胜过挫折，每次都能够为自己找到理由。即使长大后，大多数人都了解都曾经阅读过一些伟人传记，这些伟人本来也都是普通人，他们都是克服重大的缺点与障碍之后，才成为伟大的人物。但他们却无法想象这种情形会发生在自己身上。他们使自己安于平凡或失败。他们养成了回顾过去的习惯，由于失败已固定在他们的自我心态中，就在事情似乎已有突破或真正有进展的时候，他们却把它弄砸了。

当孩子的恐惧形成惯性的时候，每做一件事他都感到自己的软弱感和力不从心，因为此时他的思想意识和他体内的巨大力量是分离的。

　　而一旦他开始心力交融，一旦他重新找到了让他自己感到满意和大彻大悟的那种平和感，那么，他将真正体味到做人的荣耀。感受到这种力量和享受到这种无穷力量的福祉之后，他便绝对不会满足于心灵的不安和四处游荡，绝对不会满足于萎靡不振的状态。

　　孩子的恐惧是可以克服的，也是学校、家庭应该帮助他们克服的。人类最无可弥补的一种损失就是，虽然知道经由一种明确的方法可使任何普通人发展出充分的自信来，但是青年男女在完成他们的教育之前，竟然没有一位老师能够把这种已知的发展自信心的方法传授给他们，这实在是人类文明一项无可估计的重大损失。

三

　　恐惧是人生的大敌，但是它是可以战胜的。

　　第一，找出你害怕的是什么。这个可以单独研究，找出其本质所在，这样才能确切知道你面对的是什么。对于你所害怕的事，找出它的根源和理由。如果你找不到可靠的缘由，最好去找专家咨询。

　　第二，培养自己的勇气和信念。你越有勇气，你的恐惧便越少。如果你不断地往心里灌输坚定的信念，恐惧便无立足之地。请时时牢记信念和勇气比恐惧强大。在古罗马勇士的盾牌刻着一句话："每个人都会有恐惧，但是勇士能克服它，继续前进，虽然有时走向死亡，但是永远向着胜利。"如果我们能勇敢的一直向前，即使遭遇欠败和挫折也绝不畏缩，就一定能够取得胜利。

　　在马林果战役的前夕，拿破仑心里就有了一个计划：乘奥地利的老狐狸墨拉期路过都灵的时候打败他，并且还为此做了不少的准备，只等着奥地利军队的到来。

　　然而，战场风云莫测，马林果战役打响后，法军受到了敌军强有力的抵抗，节节败退，眼看拿破仑精心筹划的胜利将要化为泡影。拿破仑只好命令鼓手击退兵鼓，鼓手是一名在巴黎被收留的流浪儿，听到拿破仑的命令，他并没行动。"小流浪汉，击退兵鼓！"

孩子拿着鼓和枪向前走了几步，勇敢地对拿破仑说道："大人，我不知道怎么击退兵鼓，因为我从来都没有学过。但是我会敲进军鼓，可以敲得让死人都排起队来。我在金字塔边敲过它，在泰泊河边敲过它，在罗地桥也敲过它，大人，在这里我也可以敲进军鼓么？"

拿破仑听了，先是无可奈何地看了一眼身边的将领，然后对小鼓手说："现在要赢得胜利还来得及，你就给我敲进军鼓，像在泰泊和罗地桥一样的敲吧！"

在小鼓手震天响的进军鼓声中，拿破仑的部下德撒带领队伍向奥地利军横扫而去，他们不惜流血牺牲，将敌人打得狼狈而逃。勇敢的小鼓手站在队伍的最前端，用鼓声激励着士兵们乘胜追击，战场上的局面很快就转败为胜。

勇气和坚定的信念让你无所畏惧。在不安、恐惧的心态下仍勇于作为，能使人在行动之中获得活力与生气，渐渐忘却恐惧心理。只要不畏缩，有了初步行动，就能带动第二、第三次的出发，如此一来，心理与行动都会渐渐走上正确的轨道。

第三，敢于尝试。面对心中恐惧的事，要向它挑战，减少其危害。事实上，事情远没有你想象的糟糕。

在这个世界上，有许多人认为，只有具备了精细的专业知识才能从事创业。然而，世界创新史表明：不少成就一番事业的人，都是在知识不多时，就直接对准了目标，然后在创造过程中，根据需要补充知识。比尔·盖茨哈佛大学没毕业就去创业了。假如等到他学完所有知识再去办微软，他还会成为世界首富吗？

对一件事，如果等所有的条件都成熟才去行动，那么他也许得永远等下去！

1973 年，英国利物浦市一个叫科莱特的青年考入了美国哈佛大学，常和他坐在一起听课的，是一位 18 岁的美国小伙子。大学二年级那年，这位小伙子和科莱特商议，一起退学，去开发财务软件，因为新编教科书中，已解决了进位制路径转换问题。

当时，科莱特感到非常惊诧，因为他来这儿是求学的，不是来闹着玩的。再说对软件系统，墨尔斯教授才教了点皮毛，要开发财务软件，不学完大学的全部课程是不可能的。他委婉地拒绝了那位小伙子的邀请。

10年后，科莱特成为哈佛大学计算机系软件方面的博士研究生；那位退学的小伙子也在这一年，进入美国《福布斯》杂志亿万富翁排行榜。1992年，科莱特继续攻读博士后；那位美国小伙子的个人资产，在这一年则仅次于华尔街大亨巴菲特，达到65亿美元，成为美国第二富翁。1995年，科莱特认为自己已具备了足够的学识，可以研究和开发财务软件了；而那位小伙子则已开发出财务软件，并且在两周内占领了全球市场，这一年他成了世界首富。

同时教师、家长也应该培养孩子的尝试精神。孩子天生就是积极的，勤快的，他一张开眼睛，就尝试到处看看，当他能控制自己的动作时，他喜欢到处爬，到处摸，什么都拿起来咬，大人做什么，他也模仿着做什么。当然，因为很多事情他是第一次做，所以很容易出错。如果每次尝试大人都报以厉声呵斥"不准……"或大惊小怪地惊呼"危险！不要……"时，孩子就好像被电击了一样，久而久之，孩子就学"乖"了，哪儿也不能碰，不准摸，不可以试，那就不碰、不摸、不试，他认为这样才是大人眼中的好孩子。再长大一点，孩子就渐渐地变成该做的事情也懒得去做了。

所以，如果要想不让孩子变得怯懦，想让他保持自信、积极进取，家长就应该记住：当孩子做出某种尝试时，只要不是危险的和损害别人利益的，大人就应该鼓励，并且提供机会让他大胆尝试。要让孩子明白，谁都有失败的时候。这样，孩子每次尝试做一件事情时，他得到的都是奖励而不是"电击"，他当然会很有自信，乐意一而再再而三地努力去做自己还不会做的事情了。长大之后，他很自然就会成为一个勇敢的、乐于尝试新事物的、敢于冒险、积极向上的孩子了！

第四，对于家长和教师来说，要多鼓励学生，少批评学生。在鼓励中长大的孩子，会乐观自信，拥有极强的成就感，会认为他们注定要功成名就的。勇于承担责任，用于挑战自我，应对挫折的能力较强。而在批评声中长大的孩子，则生活在沮丧中，每天都发现自己的缺点，没有看到自己的优点。他们目标性不强，恐惧生活，甚至恐惧人生中的每一天。

困境中，如果你认为自己完了，那你就永远失去了站立的机会。

一旦勇于面对恐惧之后，绝大多数人立刻就会醒悟：自己拥有的能力竟然远远超过原来的想象！

无论你内心感觉如何，面对恐惧时，你都要摆出一副自信的姿态。就算你落后了，保持自信的神色，仿佛毫无畏惧，也会让你心理上占尽优势，而终有所成。

第三节　浮躁

青年人性格如同一匹不羁的野马，藐视既往，目空一切，好走极端。勇于革新而不去估量实际的条件和可能性，结果常因浮躁而改革不成，却招致更大的祸患。老年人则正相反。他们常常满足于困守已成之局，思考多于行动，议论多于果断。为了事后不后悔，宁肯事前不冒险。（培根）

浮躁是人生的大敌，它常常伴随着另一个词——悔恨。

一

从前，有一个沉稳者和一个浮躁者一起，在一座高山上偶然与酒仙邂逅，并且得到酒仙教给他们的一种酿酒的妙法：选端阳那天成熟的米，冰雪初融时高山流泉的水，蒸熟后，放入以千年紫砂土筑成的陶瓷中，再用初夏第一张被朝阳照射的新荷覆盖，密封七七四十九天，直到鸡叫三遍后方可启封。

两个人都表示得此仙方，一定会酿造出世上最甘醇的美酒。他们说到做到，在历经千辛万苦后，终于找齐了所有的材料，连同梦想一起调和，密封在陶瓷里，然后潜心等待。

两个人终于等到了第 49 天，他们太激动了，以致夜不能寐，等着公鸡打鸣。两个人感觉在等了很久很久以后，传来了第一遍鸡鸣；又等了很久，依稀响起了第二声；第三遍鸡鸣到底什么时候才会响起呢？其中的浮躁者终于忍不住了，他想鸡鸣两遍和三遍并没有区别，于是打开了他的陶瓷，沉稳者虽然也按捺不住想要伸手，却还是咬着牙，坚持等到第三遍鸡鸣。

结果怎么样呢？先打开陶瓷的，里面是一汪清水，里面的酒和醋一样酸。而坚持到鸡叫三遍的人，得到了甘甜清澈的天赐佳酿。

有时候，成功与失败之间，只是从第二遍鸡鸣到第三遍鸡鸣的距离。沉稳者能够熬过这段距离，于是他成功了，而浮躁者没有坚持下来，虽然之前他们的努力程度大致是一样的，但是最后结果却截然不同。

浮躁是人受到环境的影响而产生的一种焦躁不安的心态，是很多人用以适应社会的一种不健康的方式。一个人如果有轻浮急躁的缺点，是什么事情也干不成的。浮躁常常表现为：目标远大而投入不够，凡事浅尝辄止；既要熊掌又要鱼翅，东一榔头西一耙子，不能专注于一个目标；这山望着那山高，耐不住寂寞，无法静下心来……

有则寓言，说的是宋国有个种田人，为了让自己田里的禾苗长得快一些，就下到田里把禾苗一棵一棵地往上拔。拔完回到家，他对家人说："今天累坏了，我帮助田里的禾苗长高了。"他的儿子听后，忙到田里去看，只见田里的禾苗全都枯萎了。

今天用来比喻强求速成反而坏事的成语"揠苗助长",就源于这个故事。

浮躁心理是造成人们做事目的与结果不一致的常见原因。具有浮躁心理的人,一味地追求效率和速度,他们通常是手脚比脑袋快,想到什么做什么,却往往不会考虑结果。当遇到与愿望相违背或愿望暂时难以实现,并使个体行为的进步受到阻碍的事情时,他们常常会犯拔苗助长的错误,或者无法脚踏实地地去做一件事,对待工作虎头蛇尾,让自己所做的工作事倍功半,结果只能与成功背道而驰。

两位刚毕业的大学生到同一家公司面试,最后两个人都被录用了。一开始每天都能接触到新鲜的东西,他们都很有工作热情,可是一个月过去后,情况开始变化了。

"辛辛苦苦工作一个月还不如我上学时兼职过的日子好呢!"甲说。

"薪水是低了点,但是以前兼职只能挣点钱,没有什么技能提高可言!"

"生活不就是要点钱吗?"甲撇嘴说,"我们得换工作!这样下去没活头!"

"刚开始没有经验都是这样吧!要走也得学点东西再走啊!"乙说。

甲没有接受乙的劝告,义无反顾地拿着一笔试用期的工资走了。乙继续留在原来的地方。三年后,他们相遇了。甲依然和他当年说要走时一样,一脸愤世嫉俗的表情。

"你这是去哪里?"乙问他。

"天下老板都像乌鸦一样黑!我刚换了工作,去应聘!"甲诉着苦说,然后问道:"你去哪里呢?"

"我去看车展,想买辆车!"

"你要买车了?你发财了?"

"我现在是技术部的总监！"

甲瞠目结舌。乙接着说："其实当时你再坚持一个月就好了，事实证明公司的待遇不是很差，前提是我们要有过硬的技术！"

当人们的努力迟迟得不到回报时，很多人就会变得浮躁起来，就会忍不住问：成功的女神为何迟迟不来？

可是，做任何事情都需要一个过程，获得大的成功也需要等待。如果我们不能以一种平和的心态去追求成功，只会让我们变得更加浮躁，这种浮躁心态反而会阻碍我们的成功。

要成就一件大事业，必须从小事做起。

二

"涓流积至沧溟水，拳石垒成泰华岑。"这一宋代陆九渊的诗句劝喻人们：涓涓细流汇聚起来，就能形成苍茫大海，拳头大的石头垒积起来，就能形成泰山和华山那样的巍巍高山。只要我们勤勉努力，持之以恒，那么不论自身条件与客观条件如何，都能走上成才建业之路。

在生活中如果我们想取得永恒的成功，就必须静下心来，摆脱速成心理的牵制，看清人生最根本的目的，一步一个脚印地走下去。只有这样，我们才能达到自己的目的，最终走上成功的道路。

很多时候，很多人在追求的过程中丧失了自己的目的性，我们的内心都为外物所遮蔽、掩饰，浮躁的心态占领了我们的整颗心，因此在人生中留下许多遗憾。

那么，如何克服浮躁的心态呢？

第一，要培养行为的计划性。事前的周密计划，使行动按照计划一步步、有条不紊地进行。很多浮躁情绪，都是在事前准备不足或计划不周的情况下发生的。比如，出现事先没有料想到或没有考虑好对策的困难时容易急躁，步骤混乱、工作乱套等。

第二，办事前进行自我暗示。办事前，心中默念"沉着"、"再沉着"、"冷静"、"再冷静"。在暗示下，慢开口后动手，这样就会取得较好的效果。

第三，要讲究办事的条理性。条理性和计划性应当是并存的。现在学生的学习任务较重，要分清轻重缓急，先做最迫切的事。防止毫无条理地把各项事情摆到一起，杂乱无章地乱忙一通。如果办事缺乏条理，这件事还没做完，又急着去做那件事，眉毛胡子一把抓，其结果只能是越急越糟，一件事也做不好。

第四，生活要有节奏。应当给自己规定严格的生活制度，规定每天起床、就寝、用餐、学习及其他业余活动的时间，增强生活的规律性和节奏感。严格的生活制度和生活秩序，正确的学习计划和学习秩序，对于帮助我们形成条理性和规律性，培养不慌不忙、从容不迫的行为习惯，克服急躁情绪，都有很大的作用。

第五，要培养专心致志的精神，脚踏实地。

有两个学生，他们在同一间教室，有同一位老师教，每天做同样的作业；不同的是，他们一个上课专心听讲、积极发言、经常做笔记，而另一个上课心不在焉，常常搞小动作、骚扰周围的同学。时间就这样日复一日地过去了，期末考试结束之后，前面那位同学考试得了100分，而后面那位同学只得了50分。同一间教室，同一位老师教，每天做同样的作业，为什么考试的效果却不同呢？因为一个付出了100分的努力，所以得了100分；而另一个只付出了50分的努力，所以只得了50分。这就是一分耕耘一分收获的道理：你付出了多少努力，就会得到多少的回报。

在人生的路途中，我们必须抚平自己内心的浮躁，让自己坚持着完成一件事，或许一件事不会成功，但只要不浮躁，坚持下去，终能成功！

第四节　悲观

悲观主义像鸦片一样，是一种有毒的物质。虽然有时可以入药，但绝对不能当饭。（英国作家　切斯特顿）

活在"哭泣世界"的悲观者们，不妨想想人生中最快乐的事。

一

著名的美国作家亨利曾写过这样的诗句："我是自己命运的主人，我主宰自己的心灵。"

亨利一语中的。只有你自己才是自己命运的主人，只有你才能把握自己的心态，而你的心态塑造着自己的未来。

假如有人抱怨先天的生理缺陷，自甘颓废。那就想想富兰克林·罗斯福总统的人生经历吧！还有谁能比他更为不幸的呢？可他成了美国著名的总统。如果你觉得他的故事世上少有，那么请看看下面这则平凡人物的故事。

有两个囚犯，从狱中望向窗外，一个看到的是满目泥土，一个看到的是万点星光。由此可见，面对同样的遭遇，前者持一种悲观失望的灰色心态，看到的自然是满目苍凉、了无生气；而后者持一种积极乐观的红色心态，看到的自然是星光万点、一片光明。

人的一生，就像一趟旅行，沿途中有数不尽的坎坷泥泞，但也有看不完的春花秋月。如果我们的一颗心总是被灰暗的风尘所覆盖，干涸了心泉、黯淡了目光、失去了生机、丧失了斗志，我们的人生轨迹怎能美好？

帕特有两个双胞胎儿子，一个是看待生活过分乐观的吉姆，一个是看待生活过分悲观的亚特。两个儿子虽然聪明可爱，但让帕特唯一不满意的就是他们对待生活的两种极端不同的态度，所以他决定对儿子们进行"改造"。

一天，帕特拿着很多漂亮好玩的玩具从外边回来，对悲观的亚特说："亚特，瞧啊！我买了这么多又好看又好玩的玩具给你，这些都是你的，拿去吧！"

然后，他又对站在一旁乐观的吉姆说："吉姆，你现在去堆满马粪的车房。"

一天过去了，帕特正沾沾自喜于自己的"改造"计划，没想到听见了亚特的哭声。

"亚特，为什么把玩具都放在那里没有玩呢？"帕特不解地看着地上明显没有动过的玩具。"

"玩了它们就会坏的。"亚特哭的声音更大了。

帕特无奈地叹了一口气，转身走进了车房，却看到乐观的吉姆正兴高采烈地在马粪里掏着什么。

"爸爸，快来啊！我想马粪堆里一定还藏着一匹小马呢！"吉姆得意扬扬地对父亲喊道。

乐观者和悲观者就像坐在人生跷跷板上的两个人，悲观者升起来时，他看到的和想到的都是不好的东西，乐观者升起来时，他看到的和想到的都是美好的东西。悲观者宁愿坐在下面叹息苦恼，而乐观者则喜欢坐在人生的高处观看四周美妙的景色，享受生命的快乐。

而且，就现实的情形而言，悲观失望者一时的呻吟与哀号，虽然能得到短暂的同情与怜悯，但最终的结果是别人的鄙夷与厌烦；而乐观上进的人，经过长久的忍耐与奋争、努力与开拓，最终赢得的将不仅仅是鲜花与掌声，还有那饱含敬意的目光。

二

一个人能否成功，关键在于他的心态。成功人士与失败人士的差别在于成功人士有积极的心态，而失败人士则运用消极的心态去面对人生。

即使在生活中，我们也不可低估心态的力量。你的心态就是你"真我"的先遣兵，你最好的朋友和你最坏的敌人，它决定着你的人生高度；你怎样对待生活，生活就怎样对待你，你怎样对待你周围的世界，你周围的世界就怎样对待你。一报还一报，你便成了今天的你。

可以说，每个人都是他自己幸福人生的创造者。但遗憾的是，很多人对他人却寄予太多的厚望，而对自己指望太少，总在期盼着别人的帮助，却不知道自己才是自己的救世主。

积极的心态会促进你的心理健康和生理健康，延长你的寿命。而消极的心态一定会逐渐破坏你的心理健康和生理健康，缩短你的寿命。

一位62岁的建筑工程师回到家里，上床睡觉时，感觉胸痛，呼吸急促。他的妻子比他年轻10岁，非常害怕，她怀着希望为丈夫按摩，试图促进他的血液循环。但是，他死了。

"我再也不能活下去了！"这位妻子对她的母亲说。

于是，这位妻子承受不住心理上的打击也死了。她和她丈夫是在同一天死的！

死了的妻子证明了消极的心态具有强大的力量。

20世纪的女作家张爱玲的一生，完整地注释了悲观给人带来的负面影响有多么地巨大。张爱玲一生聚集了一大堆矛盾，她是一个善于将艺术生活化、将生活艺术化的享乐主义者，又是一个对生活充满悲剧感的人；她是名门之后、贵族小姐，却宣称自己是一个自食其力的小市民；她悲天悯人，时时洞见芸芸众生"可笑"背后的"可怜"，但在实际生活中却显得冷漠寡情；她通达人情世故，但她自己无论待人接物还是穿衣打扮均是我行我素、独标孤高。

她在文章里同读者拉家常，但在生活中却始终与人保持着距离，不让外人窥测她的内心；她在20世纪40年代的上海大红大紫，几十年后，她却在美国深居简出，过着与世隔绝的生活。所以有人说：

"只有张爱玲才可以同时承受灿烂夺目的喧闹与极度的孤寂。"这种生活态度的确不是普通人能够承受或者是理解的，但用现代心理学的眼光看，其实张爱玲的这种生活状态源于她始终抱着一种悲观的心态活在人间，这种悲观的心态让她无法真正地融入生活，因此她总在两种生活状态里不停地左右徘徊。

张爱玲所拥有的深刻的悲剧意识，并没有把她引向西方现代派文学那种对人生彻底绝望的境界。个人气质和文化底蕴最终决定了她只能回到传统文化的意境，且不免自伤、自恋，因此在生活中，她时而在世俗的喧嚣中沉浸，时而又陷入极度的寂寞中，最后，她一个人在美国的公寓里死去多日，才被人发现。张爱玲的悲剧人生让我们看到了悲观对一个人的戕害是多么惨重。

悲观的情绪会严重影响个人的成长。拥有积极奋发、进取、乐观的心态的人，他们能乐观向上地正确处理人生遇到的各种困难、矛盾和问题。而心态悲观、消极、颓废的人，不敢也不去积极解决人生所面对的各种问题、矛盾和困难。悲观者在悲伤的时候只知痛哭流泪，遭遇挫折的时候只知消极等待，这样的人生还有什么意义呢？

所以，在人生中即便有些事情我们已经预知到了不好的结果，也可以用乐观的心态去面对现实。

三

美国著名心理学家赛利格曼认为，悲观的人对失败的看法与乐观的人有所不同，具体来说就是：

第一，时间难度上，悲观的人把失败解释成永久性的；而乐观的人则倾向于认为失败是暂时的，下次就会好了。

第二，从空间维度上，悲观的人把失败解释成普遍的，如果某个阶段目标失败了，就会认为自己会在所有目标中都失败；而乐观的人则不会将失败普遍化，他们认为某个目标没实现，只是说明自己在这个方面需要进一步努力，与其他目标无关。

第三，悲观的人倾向于将失败解释为个人原因，认为自己要对失败完全负责。而乐观的人则认为失败虽然有个人原因，但个人的原因不是唯一导火线，有时一些无法抗拒的力量和运气也影响着成败。

其实，悲观的心态并不可怕，只要你决定调整自己的心态，一切困难就会变得不那样难以克服。

虽然，每个人的人生际遇不尽相同，但命运对每一个人都是公平的。因为窗外有泥土也有星光，就看你能不能磨砺一颗坚强的心，一双智慧的眼，透过岁月的风尘寻觅到辉煌灿烂的星星。

那么，如何调整自己的悲观心态呢？

第一，一定要懂得积极态度所带来的力量，要相信希望和乐观能引导你走向胜利。

两个结伴而行的人身陷沙漠中找不到出去的路，四周都是一眼望不到边的沙漠。水已经都喝完了，现在最要紧的是找到水，已经有一个人因为中暑而不能行动了。同伴把一支枪递给中暑者，再三吩咐："你不要走动，枪里有 5 颗子弹，我走后，每隔两小时你就对空中鸣放一枪，枪声会指引我前来与你会合。"说完，同伴满怀信心地找水去了。

时间一点点过去，还看不到同伴的身影。躺在沙漠里的中暑者开始怀疑：同伴能找到水吗？能听到枪声吗？他会不会丢下自己这个"包袱"独自离去？暮色降临的时候，枪里只剩下一颗子弹了，而同伴还没有回来。中暑者确信同伴抛下他离去了，自己只能等待死亡。他痛苦极了，又害怕极了，他仿佛已经看到沙漠里的老鹰飞来，狠狠地啄瞎他的眼睛，啄食他的身体……终于，中暑者彻底崩溃了，他拿起枪，将最后一颗子弹射进了自己的太阳穴。

枪声响过不久，同伴提着满壶清水，领着一队骆驼商旅赶来，找到了中暑者温热的尸体。中暑者不是被沙漠的恶劣环境吞没，而是被自己的恶劣心境毁灭了。

只有相信希望，希望才会存在！

第二，即使身处困境，也要寻找积极因素。这样，你就不会放弃取得微小胜利的努力。你越乐观，克服困难的勇气就越大。

第三，以幽默的态度来接受现实中的失败。有幽默感的人才有能力轻松地克服厄运，排除随之而来的倒霉念头。

第四，既不要被逆境困扰，也不要幻想出现奇迹，要脚踏实地、坚持不懈、全力以赴去争取胜利。

第五，当你失败时，你要想到你曾经多次获得过成功，这才是值得庆幸的。如果10个问题你做对了5个，那么还是完全有理由庆祝一番的，因为你已经成功地解决了5个问题。

第六，在闲暇时间，你要努力接近乐观的人，观察他们的行为。通过观察，你就能培养起乐观的态度，乐观的火种会慢慢地在你内心点燃。

在人生中，患得患失以及根深蒂固的悲观心理都会影响到你的行为，进而影响你得到成功的能力。在个人奋斗的历程中，由于没有把握好自己的心态，我们就容易犯各种错误，很可能因此而错失时机。如果你能克服悲观心理，对自己充满了自信，就会相信自己能够做成任何事情。

第五节　过度忧虑

黑夜无论怎样悠长，白昼总会到来。（莎士比亚）

何必让过度的忧虑遮住你生命的阳光，放弃一些不合理的忧虑，你能活的更好！

一

　　忧虑是一种过度忧愁和伤感的情绪体验，正常人有时也会有忧虑的心理。但如果总是无缘无故的忧虑，或虽有原因，却总是显示那张心事重重、愁苦的脸，那就属于心理性忧虑了。

　　忧虑使人在情绪上表现出强烈而持久的悲伤，让人觉得心情压抑和苦闷，并常常伴随着焦虑、烦躁及易激怒等反应。忧虑使人在认识上表现出负面的自我评价，让人感到自己没有价值，生活没有意义，对未来充满悲观；还能让人对各种事物缺乏兴趣，依赖性增强，活动水平下降，变得不愿与他人交往；忧虑过重的人常伴有自卑感，严重者还会产生自杀的想法。

　　忧虑的核心表现就是郁郁寡欢，忧虑的人常常会无缘无故、莫名其妙地焦虑不安、苦闷伤感。如果再遇上环境刺激时，就犹如"火上浇油"，他们会进一步加重忧愁和烦恼。大家所熟悉的《红楼梦》中的林黛玉，就是属于这类忧虑性格的人。

　　其实，生活是如此的多姿，我们不应为酸苦的忧虑和辛涩的悔恨所侵蚀。把下巴抬高，使思想焕发出光彩，像太阳下跳跃的山泉。不要过度的忧虑未来，它还没到来。

　　"我曾是个多虑的人"，阿伯特说道，"但是，一年春天，我走过韦布城的西多提街道，有个景象祛除了我所有的忧虑。事情的发生只有几十秒钟，但就在那一刹那，我对生命意义的了解，比在前10年中所学的还多。"

　　"那几年，我在韦布城开了家杂货店，由于经营不善，不仅花掉所有的积蓄，还负债累累。我只有去银行贷款。"

　　"就在我垂头丧气时，有个人从街的另一头过来了。那人没有双腿，坐在一块安装着溜冰鞋滑轮的小木板上，两手用木棍撑着前进。"

　　"就在那几秒钟，我们的视线相遇，只见他坦然一笑，很有精神

地向我打招呼，'早安，先生，今天天气可真不错！'我望着他，体会
到自己是何等的富有。"

"结果，这件事改变了我的一生，我在堪萨斯找了一份工作，准
备重新开始我的事业。"

我们活在世上的光阴只有短短数十年，但我们却浪费了很多时间，
为一些一年内就会被忘了的小事发愁。这是多么可怕的损失。阿伯特
意识到这一点，所以走出了困境。

二

"人无远虑，必有近忧"。在我们的文化传统中，好像特别赞扬和
鼓励那种"杞人忧天式"的忧虑，大至忧国忧民，小至衣食住行，几
乎让每个人都过度地把现在宝贵的一切都耗费在对未来的忧虑上。

事实上，忧虑一点也不能使事物圆满，它反而会使人无法更有效
地处理现在的一切，因为忧虑可以说是非理性的，而所忧虑的人和事
又多半是无法控制与把握的。你固然可以永无止境地忧虑，因为思考
是你做人的根本。你可以忧虑战争、经济、生病等，可是忧虑并不能
为你带来快乐、繁荣或者健康。你毕竟不是一个超人，无法控制万事
万物。而且，那些你常常所担忧的灾难真的一旦发生时，并不见得像
你想像的那么可怕与不可思议。

一个阿拉伯人为了完成他赶骆驼运货的任务，一路上愁眉苦脸。
骆驼问他："你又为什么事情而不开心呢？"

阿拉伯人回答："我在想，如果跋山涉水，你将难以胜任这些旅
程啊。"

骆驼问他："你为什么要担心我呢？难道我不是号称'沙漠之舟'
的骆驼吗？难道通过沙漠的坦途被封闭了吗？"

天下本无事，庸人自扰之。人生短短几十年，请不要过度的忧虑，
因为那是一种浪费。

　　有一个心理学家做了一个很有意思的实验：

　　他要求一群实验者在周日晚上，把未来七天所有烦恼的事情都写下来，然后投入一个大型的"烦恼箱"。到了第三周的星期日，他在实验者面前打开这个箱子，逐一与成员核对每项"烦恼"，结果发现其中有九成并未真正发生。

　　接着，他又要求大家把那剩下的一张字条重新丢入纸箱中，等过了三周，再来寻找解决之道。结果到了那一天，他开箱后，发现那些烦恼也不再是烦恼了。

　　人生的众多烦恼与忧虑只不过是自己的一种对未来的害怕而已。当未来成为了过去，烦恼也不再是烦恼，忧虑也不复存在。

　　20世纪60年代，意大利一个康复旅行团体在医生的带领下去奥地利旅行。在参观当地一位名人的私人城堡时，那位名人亲自出来接待。他虽已80岁高龄，但依旧精神焕发、颇有幽默感。他说，各位客人来这里打算向我学习，真是大错特错，应该向我的伙伴们学习：我的狗巴迪不管遭受如何惨痛的欺凌和虐待，都会很快地把痛苦抛到脑后，热情地享受每一根骨头；我的猫赖斯从不为任何事发愁，它如果感到焦虑不安，即使是最轻微的情绪紧张，也会去美美地睡一觉，让焦虑消失；我的鸟莫利最懂得忙里偷闲、享受生活，即使树丛里吃的东西很多，它也会吃一会儿就停下来唱唱歌。"相比之下，人却总是自寻烦恼。人不成了最笨的动物吗？"他总结道。

　　忧虑的人也许各有各的忧虑，但快乐的人都是相似的。他们在面对人生的各种选择之时，总会选择让自己快乐的那一种。一位哲人说，人要把开心的事刻在石头上，不开心的事情写在沙子上，那么开心可以永远流传，而不开心则会随风而散。不管我们用哪种方法，都只求达到一个目的，就趁要把我们的烦恼抛到脑后去，去掉我们每个人郁闷的心情，让大家活得开开心心，这样的生活才能丰富多彩。

三

自寻烦恼、过度忧虑的确不是一件好事。那么，我们为什么又往往自寻烦恼、过度忧虑呢？美国心理治疗专家比尔·利特尔经过研究认为：一个人若有以下心理或做法，必定会促使其自寻烦恼、过度忧虑、无事生非：

第一，把责任统统算到自己头上。如果你把别人的问题揽到自己身上而自怨自艾，把某些人不喜欢你的责任也统统归因于自己，那么要不了多久，你就会忧虑成疾。

第二，目标太高。那些惯于抱有不切实际的希望的人，往往会自寻烦恼、忧虑生活与学习。

第三，对自己缺乏自信。缺乏自信的人，容易贬低自己的价值，对自己的能力缺乏信心，总是忧虑自己这个会不会失败，那个可能也做不好，最后一事无成。

曾经有位高级职员身患绝症，虽然幸运地治愈了，但他从此担心被免职，担心失去自己的地位和一切待遇。于是，他的体重开始下降，经常失眠，饮食无味，他杞人忧天般地觉得，他有责任去担忧可能发生的不测。担忧了好几个月之后，他真地接到了免职通知，严重的失落感使他一下子消瘦许多。可是在三个月后，上司根据他的健康状况又任命他到某学府担任高职，待遇比原先更好，这给了他极大的满足感，遂以更积极的态度来面对新工作。他因此了解到，原先的一切忧虑显得是那样的多余，他的地位非但没有下滑，自己的精神也没有崩溃，脑子里原来担忧的一幅悲惨景象，结果是以喜剧收场。这位高级职员从这件事中直接学到了忧虑无用也无益，从此，便采取不忧虑的生活方式来面对生活。

正因为你希望自己的一切都顺顺利利，所以才对明天不知道会发生什么而感到恐惧、感到忧虑。而事实上，这个世界不是伊甸园，生活本来就是很严酷的。前进的路上会有意想不到的闲难和波折，为我们的未来增加了变数，但也为人生增添了色彩。只有理性地看待生活，坦然接受人生本来就充满磨难这个事实，这样就不会对未来过分地担忧。

对于忧虑，我们可以尝试以下方式解决：

第一，把自己的忧虑写在纸上。我忧虑什么？我为什么会忧虑？并且要对这些问题做直截了当的剖析，越具体越好，理性的看待他们，然后清楚地写下来。

第二，尝试着说服自己减少忧虑。如可以问自己，即使最坏的结果发生了，是否真的有那么可怕？他人是不是也有过类似的遭遇？这次考试的失败是否意味着我下次也考不好？如果真的发生了，我就无法再活下去了吗？

第三，对于一些属于自己正常有的忧虑，应该想办法解决。比如，分析自己现在的真正问题是什么？这些问题的起因是什么？解决的办法有哪些？我决定用哪种办法？计划什么时候开始做？并且在日后要了解这些方法对解决问题是不是真的有帮助，如果没有，就要立刻改变方式。

第四，用繁忙代替忧虑。

让自己忙起来不失为一种智者的选择，既能忘却忧虑，准确地说是因为无时间去寻思忧虑，又能让自己的学习更为优秀。当我们在倍感忧虑煎熬时，不妨试一试。

卡耐基在他的《人性的优点》一书里如此写道：

我班上的学员马利安·道格拉斯曾向我讲述过他的家庭所经历过的两次不幸。

第一次，他和妻子失去了他们视若珍宝的孩子——5岁的女儿。他们认为自己没有办法忍受这个打击。更为不幸的是，10个月后，我们又有了另外一个女儿，而她在世界上只生存了5天。这样沉重的打击几乎使人无法承受，这位父亲告诉我："我睡不着，吃不下，无法休息或放松，垂头丧气，信心消失殆尽。安眠药和旅行对我丝毫无用，我的身体好像被夹在一把大钳子里，而这把钳子愈夹愈紧，我都要窒息了。"

"不过，我还有一个4岁的儿子，是他让我走出了这种痛苦的境地，并教给我解决问题的方法。一天下午，正当我呆坐在那里为自己难过时，他问我：'爸，你能不能帮我造一条船？'我对造船一点都不感兴趣，可这个小家伙软磨硬泡，我只得依从他。"

"3个小时后，我完成了那条玩具船，等做好时我才发现：这3个小时是我许多天来第一次感到放松的时刻。"

"这一发现使我茅塞顿开，这几个月来，我第一次集中精神去思考。我明白了，如果你忙着做费脑筋的工作，你就很难再去忧虑了。对我来说，造船就把我的忧虑整个冲垮了，所以我决定使自己忙碌起来。"

"第二天晚上，我巡视了每个房间，把所有该做的事情列成了一张单子。有好些小东西需要修理，比方说书架、楼梯、窗帘、门把手、门锁、漏水的龙头等。两个星期内，我列出了242件需要做的事情。"

"此后，我的生活变得充实了，我参加了许多有意义的活动。每星期有两个晚上我会到纽约市参加成人教育班，并参加一些小镇上的活动。现在我任校董事会主席，还协助红十字会和其他机构进行募捐，因此我忙得连忧虑的时间都没有。"

"没有时间忧虑"。这也是丘吉尔在战事紧张到每天要工作18个小时后说的话。当别人问他会不会因为承担那么重的责任而忧虑时，他说："我太忙了，我没有时间忧虑。"

我们也会发现这样一个基本定理：即使一个人聪明绝顶，他也不能在同一时间内想一件以上的事情。如果你表示怀疑，请靠坐在椅子上闭起双眼，试着同时去想今天晚上你写过的作业和你明天早上准备读的课文。

你会发现你只能轮流想其中的一件事情，而不能同时想两件事情。就如同我们人的情感，我们不可能既激动、热诚地想着去做一些很令人兴奋的事情，又同时因为忧虑而拖延下来。

正像英国作家萨克雷所说的："生活就是一面镜子，你笑，它也笑；你哭，它也哭。"让我们每天快乐的奋斗吧！乐观的人生，带给你的是永远的自信和脸上隐不去的微笑。忧虑的人生，带给你的永远是乌云弥漫的天空！

第六节　轻言放弃

我们最大的弱点在于放弃。成功的必然之路就是不断的重来一次。（托马斯·爱迪生）

失败最悔恨的是在成功前一刻的放弃，轻言放弃或许是你还没有获得成功的原因，是吗？

一

绝大部分人的人生都不会一帆风顺，都会遭受挫折和不幸，这是生活中不可避免的。但是成功者和失败者非常重要的一个区别就在于，失败者总是把挫折当成失败、放弃了前进，从而使每次挫折都能够深深打击他胜利的勇气；成功者则是从不言败、从不放弃，在一次又一次挫折面前，总是对自己说："我不是失败了，而是还没有成功。"一个暂时失利的人，如果继续努力，打算赢回来，那么他今天的失利，就不是真正失败。真正的失败就是他失去了再战斗的勇气，那才是彻底输了！

有一个人，他22岁做生意失败；23岁竞选议员失败；24岁重入商海再次失败，而且赔得一无所有；39岁再次竞选国会议员，又失败了；46岁竞选参议员失败；47岁竞选副总统失败；49岁再次竞选参议员，又失败。而他的生活信念是：永不言败。他始终相信自己终有一天会成功的。最终，他在51岁时竞选总统成功，干成了一番永垂史册的伟业，成为美国历史上与开国元首华盛顿齐名的最伟大的总统。他就是亚伯拉罕·林肯。

有一个人，立志献身科学，一生专心致志在实验室工作，试验了千百次，也失败了千百次，用了20多年时间，坚定不移地探索下去，终于发现了镭，为人类做出了划时代的贡献。她就是居里夫人。

有一个人，穷困潦倒到"举家食粥"的地步，他爱喝酒却无钱买酒，只好以"佩刀置酒"或"赊酒"，然而他十年寒窗埋头著作，增删五次，生活再穷困也始终坚持到底，尽管在他"泪尽而亡"之时其著作尚未完成，但这尚未完成的巨著《红楼梦》却终成不朽。他就是可以与世界一流文学大师并列的曹雪芹。

这些人都饱经挫折的打击，但是他们没有对生活、对自己失去信心，失去勇气，他们不轻言放弃，所以他们成就了伟业！

凡是经得起挫折考验的人，都会因为他的毅力而获得丰厚的报酬。顽强的毅力可以征服世界上任何一座高山。只有少数人能从经验中得知坚韧不拔精神的正确性。这些人承认失败只是一时的，他们依靠不衰的愿望，使失败转化为胜利。我们站在人生的轨道上，目击了很多人在失败中倒下去，永远不能再爬起来。对此，我们只能总结说，如果一个人没有毅力，那么他在任何一行中都不会有所成就。不放弃，才有成功的希望。

放弃，本身就是一种失败；坚持，方能成功。不到终点，成败未知，盖棺方能定论，最后才能分出胜负。不放弃的人就一定会成功吗？不一定，但放弃一定会失败！

世界上没有免费的午餐，更没有不劳而获的果实。不管做什么事，只要放弃了，就没有成功的机会；不放弃，就会拥有成功的希望。如果你有想成功的欲望，却有想要放弃的念头，这样只能与成功无缘，遭受挫折。一般情况下，有的人会在一个月后放弃，有的在两个月后放弃，有的在三个月后放弃，这些人是不可能成功的，因为放弃本身也是一种习惯，放弃代表你对挫折的恐惧，对成功的恐惧。

许多人都说过这样的话："为了成功，我曾试了不下上千次，可就是不见成效。"你想这句话会是真的吗？别说他们没试过上百次，甚至有没有10次都令人怀疑。或许有些人曾试过8次、9次，乃至于10次，但因为不见成效，结果就放弃了再试的念头。成功的秘诀，就在于确认出什么对你是最重要的，然后拿出各样行动，不达目的誓不罢休。

古希腊大哲学家苏格拉底曾在开学的第一天对学生们说："今天咱们只学一件最简单也是最容易做的事儿。每人把胳膊尽量往前甩，然后再尽量往后甩。"说着，苏格拉底示范了一遍，并且说："从今天开始，每天做300下。大家能做到吗？"

学生们都笑了。这么简单的事，有什么做不到的！过了一个月，苏格拉底问学生们："每天甩手300下，哪些同学坚持了？"有90%的同学骄傲地举起了手。又过了一个月，苏格拉底又问，这回，坚持下来的学生只剩下八成。一年过后，苏格拉底再一次问大家时，整个教室里只有一人举起了手，这个学生就是后来成为古希腊另一位大哲学家的柏拉图。

世间最容易的事就是坚持，最难的事也是坚持。说它容易，是因为只要愿意做，人人都能做到；说它难，是因为真正能够做到的，终究只是少数人。

其实成功与失败并没有多大的区别，只不过是失败者走了九十九步，而成功者走了一百步。失败者跌下去的次数比成功者多一次，成功者站起来的次数比失败者多一次。当你走了一千步时，也有可能遭到失败，但成功却往往躲在拐角弯后面，除非你拐了弯，否则你永远不可能成功。许多人失败了，不是因为他们没有努力，而是他们轻言放弃！

二

有人说，人生犹如一条狭长漆黑的小巷，我们都穿行其中，而且都不知道巷子的长度，只有走到了巷子的出口才能叫成功。走在这样一条寂寞的小巷里，必须有足够的信心和耐心。毫无疑问，离巷子出口最近的地方，就是我们熬不下去、准备回头之处。

雷·克洛出生在美国西部淘金热刚刚结束的年代。一个本来可以发大财的时代与他擦肩而过，更为不幸的是，正当聪明过人的雷·克洛想要通过发奋苦读来达到自己最终理想的时候，又遇上了1931年的美国经济大萧条，由于家庭的穷困，使他最终和大学无缘。无奈之余，他不得不早早辍学，迈入社会。他渴望在房地产方面有所作为，经过不懈的努力，好不容易才打开局面，让艰难的生意略有起色。不料，第二次世界大战的烽烟让他的梦想又化为泡影，一时间房价急转直下，最后不得不接受"竹篮打水一场空"的现实。就这样，几十年来低谷、逆境和不幸一直伴随着雷·克洛，命运无情地捉弄着他，可人们在坚强的雷·克洛的字典里始终翻不到那个叫做"放弃"的词。

命运的转机出现在雷·克洛56岁时。那年，失意无比的他来到加利福尼亚州的圣伯纳地诺城，看到牛肉馅饼和炸薯条备受青睐，于是不顾自己已年过半百，竟然跑到一家餐厅当学徒，学做这种食品。尽管年龄上的劣势让他吃了不少的苦头，可是他用比常人多得多的汗水证明了自己的非比寻常。后来，这家餐馆转让。雷·克洛做出了一个让常人不可思议的决定，用自己所有家当——"失业保险金"接过了店面，并且将餐馆的招牌改为"麦当劳"。最终，这场赌博式的收购让他成功了，经过数十年的发展，麦当劳已成为全球闻名的超大型企业，在全世界有5637个分店，年收入高达13亿美元。

雷·克洛的故事说明，失败并不可怕，可怕的是放弃成功的机会。用50多年光阴里的无数次失败最终换回了一次成功，那就已经足够了。雷·克洛真是一个时运不济的人，可他没有怨天尤人，而是坚持不懈，执著追求。他的故事也让人明白时运不济并非没有时运，而是时候未到，大路总是为那些审时度势、自强不息的人铺就的。

俗话说："行百里半九十。"在实现自己的目标时，只要还没有充分的理由可以否定这个目标，就十分需要有坚忍精神的意志力来同各种困难相对抗。任何丰功伟绩没有一件不是经过无限的劳累、艰辛和困苦才取得的！在行动的最后阶段，是对意志的考验，因为越来越觉得筋疲力尽，才能需要相当的毅力，才能坚持到底。

在困难面前退缩，或是在挫折面前失去信心，或是在持久战中失去耐心，都会使一个人成为半途而废的人。

如果你问一个半途而废的人，成功的喜悦如何？那他的回答只能是"不知道"。

如果你问一个半途而废的人，失败的滋味怎么样？那他的回答只能还是"不知道"。

没有成功的风光，没有失败的悲壮，对于半途而废的人来说，只有有始无终的耻辱和遗憾。

只有坚持不懈的人，才有可能取得成功。但是，坚持不懈的更深层意义，绝不仅仅限于成功。臂如长跑比赛，要比赛就会有胜负。率先冲过终点的人，当然值得庆贺，但明知夺冠无望而努力不止的人，更值得尊重。鲁迅先生就曾将这种取胜无望而能努力不止、坚持跑完全程的人，称为真正的民族脊梁，认为他们是民族的希望所在。

人生最大的遗憾是什么？是失败吗？不是。人生最大的遗憾是终其一生而没有不屈不挠地奋斗过。

而应对轻言放弃的方法只有一个：永不放弃，至少在没有充分的理由能说服自己的时候，不要放弃。

要做到永不放弃有两个原则，第一个原则是：永不放弃，第二原则是，当你想放弃时回头看第一个原则：永不放弃。当你想放弃的时候，是离成功最近的时候。

丘吉尔于1948年应邀去牛津大学参加一个题为成功秘诀的讲座，并在讲座上做了演讲。演讲那一天，会场上人山人海。

丘吉尔用手势止住大家雷动的掌声，说："我的成功秘诀有三个：第一是，决不放弃；第二是，决不、决不放弃；第三是，决不、决不、决不放弃！我的演讲结束了。"说完他就走下了讲台。

会场上沉默了一分钟后，突然爆发出热烈的掌声，经久不息。

是啊，成功的秘诀就是这么简单。因为在这个世界上，真正的失败只有一个，那就是彻底放弃，从此不再努力，只有放弃才是真正的失败。

三

日常生活中，我们常见到孩子们尤其是独生子女做件事不是虎头蛇尾，就是半途而废，不能善始善终。对此，家长不可视而不见或迁就放任。

一般来讲，做事不能有头有尾的孩子，往往心理比较脆弱，意志力较差，情绪不稳，注意力也不太集中和长久。从整体上看，这样的孩子自立自理的习惯少，能力也差。由于孩子做事很少成功，养成自信心不足，甚至严重的自卑感，或马马虎虎，对人对事都抱一种不在乎的无所谓态度。

产生这种现象的原因比较复杂。从生活实践中来看，主要原因有这几种：一是家长在做一些事情的时候，也常有不善始善终的情况，这会影响到孩子。因为父母是孩子的榜样，其言行及作风习惯，都可能成为孩子模仿的对象。二是孩子的意志力比较差，不愿动脑筋，做事一遇到困难就打退堂鼓。三是父母要求不严，甚至包办代替。四是父母或老师对孩子的要求太高，孩子的实际能力无法达到。

对于这些孩子尤其处于中小阶段的学生来说，要想培养他们永不放弃的精神，需要家长和教师的共同努力。

第一，家长或者老师给学生制定一个目标，并督促他们坚持完成。

父母或老师可以帮助学生制定一个目标，让学生有努力的方向。当学生的心中有了目标，他就会为实现自己的目标而去努力，进而表现出坚毅、顽强和勇气。但是，父母必须记住，给学生定的目标一定要恰当，应该让学生明白，这个目标只要经过努力就会达到，如果不努力是不会达到的。还有，如果目标制定得合理，那么父母或者老师就必须要求学生执行到底，一直到实现为止，不能让学生半途而废。

第二，对学生进行挫折教育。教育学生敢于面对困难和挫折，提高克服困难和抵抗挫折的能力。通过古今中外许多历史人物或现代成功名人的例子，让学生知道"失败"并不可怕，可怕的是一蹶不振，永远地放弃自我。

要注意的是挫折教育也要因人而异。同一挫折对不同的学生产生的心理反应不同，因此，要根据学生的性格进行挫折教育，如果学生自尊心较强，好强、爱面子，遇到挫折容易产生沮丧心理，对这类学生不要过多地埋怨、批评，而是点到为止，多加鼓励；较自卑的学生，本来对自己的能力就缺乏信心，老师、父母切忌过多指责，而要多加安慰，要善于发现他们的长处，创造成功的机会，增强其自信心。另外，要根据学生的能力进行教育，能力较强的学生遇到挫折时，应重在启发，让他们发现受挫的原因，放手让他们去解决问题；能力较弱的学生，应该帮助他确立切合实际的目标，制订由低到高、由易到难的计划，使学生能不断地看到自己的进步，从而逐步形成克服困难和挫折的能力。

第三，让孩子学会自我控制。孩子的意志品质是在大人的严格要求下养成的，当然也是孩子在平常生活中经常自我控制的结果。父母可以经常启发孩子加强自我控制，比如，当孩子在开始一项行动时觉得很困难，可以让孩子告诉自己"大胆一些"；当孩子坚持不下去的时候，可以让孩子默默地给自己下命令，让自己"再坚持一下"。

第四，让孩子坚持参加锻炼。一般说来，身体健康、体魄强健的人，容易养成坚强的意志。古代罗马的民谚说："健康的精神寓于健全的体魄。"体育锻炼不仅为坚强的意志力提供了必要的体力和充沛的精力，它还是锻炼意志的极好手段。例如，长跑能培养一个人吃苦耐劳的精神，登山能锻炼一个人锲而不舍的毅力，球类运动也可以培养一个人果断、勇敢的品质。通过各种体育锻炼培养起来的意志品质，又可以迁移到学习活动中去，推动学习的进行。

对于诸如让孩子按时起床、坚持跑步这样的小事，如果我们不管自己和天气的主客观情况如何，都让孩子从不间断，一贯做到，孩子的意志必然会得到很好的锻炼。相反的，如果老是允许孩子原谅自己，老是"明月复明月"，那么，孩子就一定会成为意志薄弱、轻言放弃的人。

要告诉孩子，在人生的旅途上，我们每时每刻都会遇到意志的考验。在这个世界上，没有人能百战百胜，没有谁是常胜将军。在漫长的人生旅途中，遇到艰难困苦、挫折失败都是不可避免的。只要不轻言放弃，就有成功的一天！

第七节　不会舍弃

在人生的大风浪中，我们常常学船长的样子，在狂风暴雨之下把笨重的货物扔掉，以减轻船的重量。（法国作家　巴尔扎克）

舍弃是一种智慧，许多人的失败在于他们不会舍弃。

一

不放弃是一种品质，是成功的金钥匙。舍弃同样也是成功的一把金钥匙。

登山爱好者总是把征服高山当做自己最大的愿望。在一次攀登一座 6400 米高峰的过程中，其中一位登山者刚爬到了 6000 米，就放弃了计划，悠然下山去了。事后人们都为他的失败而惋惜。可他却说："6000 米已是我攀登的极限高度了。如果坚持登上山顶，我便永远被埋在厚厚的积雪下了。"他放弃的是不可实现的成功和荣誉，留下的是宝贵的生命。

有时候，舍弃是一种智慧，一种选择，是另一种意义上的拥有。

在非洲辽阔的草原上，生活着猎豹，还有猎豹最喜爱的食物：羚羊。

在捕食时，猎豹总是伏下身，一步一挪地接近羚羊，尽量不让对方发现，然后以迅雷不及掩耳之势向对方扑去。但是灵敏的羚羊往往会猛地躲闪开来，竭尽全力快速朝前逃跑。猎豹则在后面箭一般地追逐，始终目标专一地盯着前面那头边跑边不断急转弯的羚羊。只见七百米、六百米、五百米、四百米……距离越来越短，羚羊唾手可得。可是，令人惊异的是猎豹有时竟会突然停止追杀，望着咫尺之内的羚羊，悠然地走开了。

为什么？原来，猎豹虽然是动物中的奔跑冠军，追击猎物的时速可高达 120 公里，可是公平的大自然在赐予它无与伦比的速度的同时，却没有赐予它足够的耐力。它根本无法长时间追逐猎物，当它的奔跑速度达到 110 公里以上的时候，它的呼吸系统和循环系统都在超负荷运转。如果它追猎的时间过长而又不成功，就有可能饿死，因为它再没有力气去捕猎了。

为了能有足够的体力对付下一次捕猎，不导致饿死的结局，猎豹的做法很果断，那就是一定要在 30 秒的时间内，也就是在 800 米的距离内，将猎物追捕到手。如果超过了这个时间和距离，它们就会坚决放弃，等待下一次机会。

身为短跑冠军，美食在前却能果断舍弃。这很值得我们学习。我们有时也需要学会勇于放弃、善于放弃。

人总有很多奢望，想得到很多东西。要知道，想要的未必就一定能够拥有，因为未得而乱了心智就更是"得不偿失"了。有失才有得。有时候，如果我们只是抓住自己的某些东西不放，就很难接受别人的东西，说不定还要失去许多更有价值的东西，就如某些人，贪婪于眼前的名利、钱财、美女，结果却锒铛入狱，失去了人生最宝贵的自由和生命。如果这些人懂得必要的舍弃，也许不至于出现那样的结果。

二

生活是美好的，却不是一首浪漫的诗。漫长的人生，其实就是一个选择的过程。选择什么放弃什么，也需要一种勇气；放弃不是失败，而是寻找成功的最佳契机。正确的选择，会成为成功之帆；错误的选择，势必会使你与成功南辕北辙。果断的放弃，是一种明智的选择。学会放弃，心灵也会得到超脱。今天的放弃，是为了明天的得到；没有放弃，便不会拥有牢固的收获。生活有美好也有残酷，常常逼迫我们改变自己的爱好，丢下某种机会，甚至是难以割舍的东西。

如果你想使自己成功，就需要学会放弃。

放弃是生活时时面对的清醒选择，学会放弃才能卸下人生的种种包袱，轻装上阵，安然地等待生活的转机，度过风风雨雨；懂得放弃才拥有一份成熟，才会活得更加充实，坦然和轻松。

放弃是量力而行的睿智。大观园内的王熙凤，精明能干远胜过贾中任何一个男子；但她太争强好胜，万事劳心，终为所累，反误了卿卿性命。人为血肉之躯，精力时间有限。在生活应该学会取舍。取其要者而为之，不要者而舍之，不要琐事劳心伤神。

　　放弃是一种坦然处之的大度。汲汲于名利者永远不知道满足。金山银山，换不来会心一笑；机关算尽，只留个千古骂名。赫拉克利特说过：最优秀的人宁愿要一件东西，而不要其他一切。就是：宁取永恒的光辉而不要变灭的事物。

　　一个老人在高速行驶的火车上不小心把刚买的新鞋从窗口上弄掉了一只，周围的人备感惋惜，不料那老人又立即把第二只鞋也从窗口扔了下去。这举动更让人大吃一惊。

　　"是这样，"老人解释道，"这一只鞋无论多么昂贵，对我而言都没有用了。如果有谁能捡到一双鞋子，说不定他还能穿呢！"这位老人就是甘地。

　　人生的小舟若负载过多，就容易在风雨中倾翻。这时，你必须放弃一些多余的包袱，去攀登胜利的高峰；若有着太多的放不下，就不能勇往直前，就永远不能将峰顶踩在脚下。

　　面对人生，你必须要学会选择，放弃并不完全代表失败和气馁，它是另一种开始。学会放弃一些东西，这样才能使自己走得更稳、更快，也使这路途变得更美丽。

第八节　浪费时间

　　放弃时间的人，时间也会放弃他。（莎士比亚）

　　请同学们时刻记住：时不我待！每浪费一分钟，成功就离你更远一步！

一

　　朱自清在他散文《匆匆》里写道："洗手的时候，日子从盆里过去，吃饭的时候，日子从饭碗里过去，默默时，便从凝然的眼前过去，我觉察它去得匆匆，伸出手遮挽时，它又从遮挽着的手边过去……我掩着面叹息，但是新来的日子影儿，又开始在叹息里闪过。"

人一生最长的是时间，因为它永无穷尽；最短的也是时间，因为人们所有的计划都来不及完成。生命是由每一分一秒组成的，浪费时间，就是在消磨生命。

每个人的一生中总有许多美好的憧憬、远大的理想、切实的计划。假如我们能够抓住一切憧憬，实现一切理想，执行每一项计划，那我们的生命真不知要有多么伟大。可是，因为种种原因，我们总是没有时间来完成我们的梦想。

深夜，一个病人迎来了他生命中的最后一分钟，死神如期来到他身边。

他对死神说："再给我一分钟好吗？"

死神回答："你要一分钟干什么？"

他说："我想利用这一分钟看一看天，看一看地。我想利用这一分钟想一想我的朋友和亲人。如果幸运的话，我还可以看到一朵绽开的花。"

死神说："你的想法不错，但我不能答应。这一切留了足够的时间给你，你却没有珍惜，你看一下这份账单：在你60年的生命中，你有三分之一的时间在抽烟、喝酒、看电视；三分之一的时间在睡觉；感叹时间太慢的次数达到了10000次，平均每天一次；你做事有头无尾、马马虎虎，使得事情不断重做，浪费了300多天。你无所事事、经常发呆；你经常埋怨、责怪别人，找借口，推卸责任；你在工作时间和同事呼呼大睡，你还和无聊的人煲电话粥，还有……"

说到这里，病人断了气。

死神叹了口气说："哎，真可惜，世人怎么都这样，还等不到我动手就后悔死了。"

"你若热爱生命，那么别浪费时间，因为时间是组成生命的材料。""记住，时间就是金钱。假如说一个每天能挣 10 个先令的人，玩了半天或躺在沙发上消磨了半天，他以为他在娱乐上仅仅花了 6 个便士。事实上这是错误的！他还失掉了他本可以挣得的 5 个先令。记住金钱就其本性来说，绝不是不能生殖的。钱能生钱，而且它的子孙还会有更多的子孙……谁杀死一头生仔的猪，那就是消灭了它的一切后裔。同样的道理，如果谁毁掉了 5 先令的钱，那就是毁掉了它所能产生的一切，也就是说，毁掉了一座英镑之山。"

这是美国著名的思想家本杰明·富兰克林的一段名言，它通俗而又直接地阐释了这样一个道理：如果想成功，就不要浪费时光。时间的价值是输不起的。

在一天早晨的上班途中，吴浩信誓旦旦地下定决心，一到办公室立刻着手草拟下年度的部门预算。他于 9 点钟准时走进办公室，但他并没有立刻开始预算草拟工作，因为他突然想到不如先将办公桌及办公室整理一下，以便在进行重要的工作之前为自己提供一个干净、舒适的环境。他在打扫房间与整理办公桌时，总共花了 30 分钟的时间。

虽然他没有按原定计划在 9 点钟开始工作，但他丝毫没有后悔，因为这 30 分钟的清理工作，不但已获得显然可见的成就，而且它还有利于以后工作效率的提高。吴浩面露得意神色随手点了一支烟，稍作休息。

这个时候，他又无意之中在桌上发现，报纸上的彩图照片是自己喜欢的一位明星，于是情不自禁地拿起报纸来。等他把报纸放回报架后，10 分钟的时间又过去了。

这使他略感不自在，因为他已自食诺言。可他又一想，报纸毕竟是精神食粮，也是重要的沟通媒体，身为企业的部门主管怎能不看报，何况上午不看报，下午或晚上也一样要看。经自己这么一开脱，他心也就放宽了。于是他正襟危坐地准备埋头工作。

此时电话声又响了，是一位顾客的投诉电话。他连解释带赔罪地花了 20 分钟的时间才说服对方平息怒气。挂掉电话后，他又去了洗手间。在回办公室途中，他闻到咖啡的香味。

原来另一部门的同事正在享受"上午茶"，他们邀请他加入。他心里想，刚费心思处理了投诉电话，一时也进入不了状态，而且预算的草拟是一件颇费心思的工作，假如头脑不清醒，则难以完成，于是他毫不犹豫地应邀加入，还在那有一搭没一搭地聊了一阵。

回到办公室后，吴浩果然精神奕奕，想着总算可以开始"正式工作了"一拟定预算，可是一看表，已经 10 点 45 了！距离 11 点的部门例会只剩下 15 分钟的时间。

他想，反正在这么短的时间内也不太适合做比较庞大耗时的工作，干脆这份草拟预算的工作留到明天再做吧，他一上午的时间就这样过去了。

在生活中，大家是不是也这样浪费过时间呢？

二

你为什么浪费了那么多时间？

我们选择了一条平时不常走的却要多花十分钟的路线；我们停下脚步去围观路边的一场争吵；我们听到窗外的鸟叫而停下手头的工作向外张望；我们跟同学们闲聊最近发生的新鲜事；我们接听了一个没有必要接听的电话；我们接待了一个不速之客，并分享了他的美事……

如果对浪费时间的原因作一个总结的话，可以归结成内部因素和外部因素两个方面。

浪费时间的外部因素，包括电话干扰、不速之客、闲谈聊天、沟通不良、进度失控、资料混杂等；内在因素，包括计划欠妥、贪求过多、条理不清、欠缺自律、无力拒绝、做事拖延等。其实，所有这些都是可以避免的。

浪费时间是生命中最大的错误，也是最具毁灭性的力量。大量的机遇就蕴含在点点滴滴的时间之中，浪费时间能毁灭一个人的希望和雄心！它往往是绝望的开始，是幸福生活的扼杀者。年轻的生命最伟大的发现就在于时间的价值，明天的幸福就寄寓在今天的时间之中。

阿尔福德说："片刻的时间比一年的时间更有价值，这是无法变更的事实。时间的长短与重要性和价值并不成正比。偶然的、意想不到的5分钟就可能影响你的一生。但谁又能预料这个重要时刻在什么时候来临呢？"

时间是造物主赐予人的珍贵礼物，它新奇、亮丽，充满着各种机遇。"日月逝矣，岁不我与。"

那么，怎样充分利用时间而不浪费时间呢？

第一，要制定合理的时间表，并严格要求自己按照时间表去做。

对于青少年而言，时间表的制定、时间表的拥有，不仅是学业上成功的必要因素，同时也是将来事业成功和生活成功的垫脚石。大凡事业成功、生活幸福的人，无不具有珍惜时间、精心安排和利用时间的品格。因此，如果我们也想在以后成为一个事业成功、生活幸福的人的话，就从现在开始为自己的学业和生活制定合适的时间表，做时间的主人。

你要随时提醒自己我很忙，我有正事要做。你要对什么是有意义的事情，什么是没有意义的事情有一个清醒的认识。你还可以找个机会把你能做的事情全部做完，这样就不会时刻惦记着。

当我们浮躁的时候，最容易受身边的事情影响。如果我们静下心来，专心于手头上的事情，就不会为琐事干扰，浪费自己宝贵的时间了。

第二，要提高时间效率，减少时间浪费。

运筹时间，不应该在增强劳动强度上找出路，而应着眼于提高单位时间的应用效率。

一方面，学习时间表把学习、休息、活动时间进行了科学的具体的安排，做什么，做多少；先做什么，后做什么；具体步骤又是什么，一项项规定得都非常明确。

所以做完一件事后，无须思考、观望、犹豫，就知道下一步该干什么，时间利用效率自然也高了。

另一方面，提高做事的效率，改变做事的方式，力求事半功倍。

"人生太短暂了，要多想办法，用极少的时间办更多的事情。"这是爱迪生的名言。

人生太短暂。爱迪生这个伟大的人，总会想尽办法来节约时间，于是一项项给人带来方便的发明，就这么诞生了。这个小时候被人视为"低能儿"的孩子，在成功的道路上，不肯浪费一寸光阴，终于，辛勤的汗水结出了丰硕的果实。

第三，要学会适时放弃。

社会学家韦伯指出，一项活动的单纯规律性会逐渐演变为必然性。一段时间之后，人们会说："我们不应该让它消失，我们已经做这么久了。"

"既然已经知道它不值得花费时间，就赶紧结束投入到别的事情上吧。"

对于不值得做的事就放弃吧！它消耗了你的时间与精力，而且出力不讨好，使你没有时间做那些更有用的事情了。

第四，学会利用零散时间。

用这些时间来阅读或是思考问题，不要发呆或做白日梦。另外把琐碎的事情写在单子上，以便有零碎时间时马上去做。

生命和时间是有限的，我们每时每刻都是在跟死神抢时间。所以，人生就应该随时保持一种紧迫的精神状态，力求把最多的时间用在解决自己的事情上，我们谁都没有太多时间可以浪费。

只有当我们培养起良好的时间习惯，学会自律、自控、自觉，并且掌握一定的省时高效的方法。

自己的学习才会更有效率，才会事半功倍。

著名教育家本杰明曾经接到一个青年人的求助电话，两个人约好时间和地点，期待见上一面。

青年人准时来到本杰明家时，发现房门是敞开的，房间里乱七八糟、一片狼藉。

没等青年人开口，本杰明就招呼道："你看我这房间，太不整洁了，请你在门外等我收拾一下！"说完，本杰明轻轻地关上了房门。

还没到一分钟时间，本杰明就打开了房门，把青年人请进客厅。青年人大吃一惊，刚才还凌乱的房间，眨眼间就变得井然有序了。青年人正要把内心的苦闷讲出来，本杰明却端起桌上的红酒说："干杯！你可以走了。"

青年人手里拿着酒杯，一下子愣住了，过了一会儿才遗憾地说："可是，我……我还没向您请教呢……"

本杰明微笑着对他说："这些……难道还不够吗？你来到我整洁的房间，已经又有一分钟了。"

"一分钟……又一分钟……"青年人若有所思地说，"我懂了，您让我明白了一分钟的时间可以做许多事情，可以改变许多事情，而不是等待什么。"

本杰明以实际行动告诉那个年轻人：要珍惜宝贵的时光，而不是用有限的时间苦恼、徘徊。是啊，时光如流水，一去不复返；往者不可追，来者犹可惜。

人生就像永不止息的河水一样，孜孜以求，不舍昼夜。对每个人来说，利用好时间才能实现生命的价值。

第二章　人际交往中的消极心态

大凡中小学生在人际交往中存在问题，多是由于人际交往中的消极心态导致的。只要改变自己在人际交往中的心态，你就会成为一个受欢迎的人。

接下来，就为大家介绍人际交往中的三个消极心态。要注意的是这三个消极心态影响的不仅仅是你的人际交往，也会影响你的其他方面。

第一节　嫉妒

在嫉妒心重的人看来，没有比他人的不幸更能令他快乐，亦没有他人的幸福，更能令他不安。（斯宾诺莎）

嫉妒虽是人之常情，但你一定要学会控制它！否则，害人又害己！

一

生活中，由于各人的能力、条件、主观努力的不同，取得成绩的大小也就有所不同，这自然会引起家庭、老师、同学的不同反应和评价。当自己的伙伴取得了较大的成绩，受到老师称赞，有些人在心理上就会滋生出一种不愉快的感情，这就是嫉妒，也就是我们平常说的"红眼病"。

法国大思想家卢梭曾说："人除了希望自己幸福之外，还喜欢看到别人不幸。"这句话不仅道出人类容易嫉妒的心理，也说明了社会中有嫉妒心理之人的普遍存在。

嫉妒者常常担心对方的成绩和荣誉会造成对自己的威胁，或者出于一种不愿有人超出自己的感情，心理上产生了一种忧惧，行动上就会表现出对对方的冷漠，甚至不惜诋毁对方的成绩，有意无意地散布一些关于他的流言。

《伊索寓言》里有这样一个故事：

有一只狐狸，一次在山里发现了很诱人的葡萄，很想摘下来吃个痛快，但跳起来好几次都够不着，狐狸只好对自己说那些葡萄都是酸的，我才不想吃呢！"

狐狸本来是很想吃葡萄的，似尝试了好几次以后都无法吃到，便故意把它的价值贬低，以使自己感到平衡，抵消心中的不服气。

狐狸的这种心理就是一种嫉妒心。

嫉妒心理是一种不健康的人格，是低级卑劣的感情，是害人害己的软刀子，是人际关系中的一大危害。

嫉妒使人心中充满恶意、伤害。如果一个人在生活中产生了嫉妒情绪，那么他就从此生活在阴暗的角落里，他不能在阳光下光明磊落地说和做；而是面对别人的成功或优势咬牙切齿，恨得心痛。嫉妒的人首先伤害的是自己，因为他不是把时间、经历和生命放在人生的积极进取上，而是放在日复一日的蹉跎之中。

嫉妒同时也会使人变得消沉，或是充满仇恨；如果一个人心中变得消沉或是充满仇恨，那么他距离成功也就越来越遥远。

有两只老鹰，一只飞得很快，一只飞得太慢，飞慢的那只老鹰，嫉妒那只飞快的老鹰。

一次，飞慢的老鹰对一个猎人说："前面有只飞得很快的鹰，你去用箭射死它。"猎人说："可以的，只是我的箭上缺少一根羽毛，可否拔下你的一根？"飞慢的老鹰说："好！"它就拔下一根丢给猎人，猎人未能射中那鹰。

猎人说："再拔一根来如何？"飞慢的老鹰说："好！"又拔一根，然而又未射中。

这样，一支一支地射去，鹰毛一根一根地拔下，把它自己身上的羽毛都拔完了，它不能再飞了，结果那位猎人轻而易举地就把它捉去了。

这是一个很明显的教训：只因嫉妒别人，结果害了自己。

二

嫉妒心是人自私性的另一种表现。比如说，当我们认识到别人的某些方面比自己强时，会感到难受，或多或少地会产生恨意。如果你的外语水平较高，而另一个朋友外语水平很差，并为此深深痛苦，当你们在一起时，如果你不时冒出一两句外语的话，那么，你们的友谊注定不会长久。

嫉妒心理总是与不满、烦恼、怨恨、恐惧等消极的情绪联系在一起，构成嫉妒心理的独特情绪。不同的嫉妒心理有不同的嫉妒内容，它主要是在四个方面表现得尤为突出，就是名誉、地位、钱财、爱情，有时也表现为一种综合性的笼统内容，即只要是别人所有的，都在其嫉妒之列。

嫉妒的人总喜欢拿别人的优点来折磨自己。别人长相好他嫉妒，别人年轻他嫉妒，别人有才学他嫉妒，别人富有他嫉妒，别人学历高他嫉妒，别人身材高他嫉妒，别人风度潇洒他嫉妒……德国有一句谚语："好嫉妒的人会因为邻居的身体发福而越发憔悴。"所以，喜欢嫉妒的人总是40岁的脸上就写满50岁的沧桑。

有这样一个人，非常嫉妒他的邻居。他邻居的生活过得越好，他越是不痛快；他的邻居越是高兴，他越是不高兴。每天都盼望他的邻居倒霉，或盼望邻居得什么不治之症，或盼望邻居家着火，或盼望邻居的儿子夭折，或盼望下雨，天雷能窜进邻居家，劈死一两个人……但是，每当他看到邻居时，邻居总是活得好好的，并且微笑着和他打招呼，这时他的心里就更加不痛快，恨不得往邻居的家里扔包炸药，把邻居炸死，但又怕偿还人命。就这样，他每天折磨着自己，身体日渐消瘦，胸中就像堵了一块石头，吃不下睡不着。

终于，有一天他决定给他的邻居制造点晦气，这天晚上他在花圈店里买了一个花圈，偷偷地给邻居家送去。当他走到邻居家门口时，听到里面有人在哭，此时邻居正好从屋里走出来，看到他送来一个花圈，忙说："这么快就过来了，谢谢！谢谢！"原来邻居的父亲刚刚去世。而这个人呢？顿觉无趣，"嗯"了两声，就走了出来。

这个故事中的主人公出于嫉妒，把自己置于一种心灵的地狱之中，折磨自己。但折磨来折磨去，最终却一无所得。自私就是这样，自私总是引起我们的烦恼并造成人际关系的复杂和矛盾。既然如此，我们何不放下自己的嫉妒之心，真诚地赞美别人呢？学会赞美别人、肯定别人，不仅有利于处理复杂的人际关系，也可以求得心灵的平衡。

三

法国作家司汤达说："嫉妒，是诸恶德中最大的恶德。"嫉妒是如此令人讨厌、让人痛恨。每个人都要努力克服嫉妒心理，纠正自我认知的偏差。"金无足赤，人无完人"，每个人都有自己人生的闪光点，又都有自己发展领域的盲点。所以，别人在某些方面比自己强是非常正常的，不足为奇。

我们应当在别人比自己强时，加强修养，培养豁达、大度的胸怀，欢迎别人超过自己，为别人的成功而高兴，为别人的幸福而快乐，只有这样，我们才可能离成功越来越近。

古今中外，大凡有所成就、有所作为的人，除自身才智卓越和执著追求外，还有一个共同的秉性，就是大度。他们能以自己开阔的胸襟去对待世间万物，用那颗博大的心去容忍世间的冷嘲热讽。

《史记·魏公子列传》中有这样一个故事：信陵君颇喜结交有才能的人，一次他听说大梁城东门的守门人侯嬴很有才能，于是去请他，侯嬴毫不客气，上车后坐在上座，让信陵君赶车。车到闹市后，侯嬴故意与好友朱亥长时间交谈，将信陵君晾在一边。回到公子府后，信陵君大宴宾客，推侯嬴坐在上席，并亲自给他敬酒。以信陵君堂堂魏国公子的身份给侯嬴这个守门人驾驭马车、耐心等待、主动敬酒，这着实不易；如果没有开阔的胸襟、容人的气度，是绝对不可能的。正因为信陵君礼贤下士，侯嬴为他献上奇计、尽心效力，使窃符救赵取得成功，同时大力士朱亥在这件事中也立下汗马功劳。

试想当初信陵君如果顾及公子身份，言语举止傲慢待人，那些能人贤士就不可能为之折服，更不会聚之门下建立奇功，那赵国很有可能早就为秦国所灭，历史也许将要被重写了。

与之相反，没有大度的胸怀，心胸狭窄容不得别人半点无礼的人，往往导致身败名裂、家亡国破的命运。

《国语》中记载，西周末年，周厉王暴虐无道，政令严酷，引起强烈不满，怨声载道。周厉王听后大怒，命令官吏只要听到谁说坏话就杀谁，人们的怨言暂时平息下来，不敢多言。但三年后平民忍无可忍，最终发起暴动，推翻了厉王残暴的统治，并将他流放到了别处。

在别人的优秀面前，我们应该学会培养自己健康的好胜心。嫉妒与好胜的共同之处，是不甘心自己的落后，都想胜过对方。你在工作中争上游、不服输是好事，但事事为人先，样样不服输，却是不可能的。一个人不服输、求上进，是积极的心态；服输是为了向别人学习，也是积极的心态。"你行，我让你不行"是病态的好胜心；而"你行，我争取比你还行"才是强者的口号。靠自己的聪明才智和积极努力与战友竞争，这是消除嫉妒心理的最积极的办法，也是由被动转向主动的方法。有可能经过努力，你并没有超过他，但在竞争中，你的水平和能力也相应得到了提高。

黑格尔曾经说过这样的话："有嫉妒心的人自己完不成伟大的事业，便尽量去低估他人的伟大，贬抑他人的伟大，使之与他相齐。"爱默生也说："凡是受过教育的人最终都会相信，嫉妒是一种无知的表现。"我们很难让自己不嫉妒，但当嫉妒心理萌发或者是有一定表现时，我们应该冷静地分析一下自己的想法和行为，同时客观地评价一下他人，从而找出相互间的差距。认清自己后，再去评价别人，如果自己与别人有差距，要想法先佩服别人，让自己迎头赶上，而不是把他人拉下来。人能这样的积极地面对嫉妒，将这种情绪转化为努力的动力，以自己的聪明才智和努力去取得比嫉妒对象更优越的地位。这种积极的策略，不仅可以提高自己的素质，还能够将嫉妒变为正面因素，有朝一日定会受人敬佩。

在生活中，我们应该学会欣赏别人、赞美别人。欣赏一枝玫瑰，我们感受她的香气，潜移默化中感染香气，也像玫瑰一样传递芳香。不要让嫉妒遮住我们的眼睛，我们应该学会肯定别人的成绩，肯定别人的优秀，不要盯着他人的缺点来与自己比较。

每个人都像一枝玫瑰一样，有美也有刺，但是，只要我们真诚地欣赏，总会由衷地产生几声赞美。真诚的赞美会让我们追求美，创造美。每个人都是值得赞美的独特个体，只要我们懂得欣赏、懂的赞美。那么，我们的心情、心胸会变得与众不同，我们的世界会完全不同。

而嫉妒则是我们对于一些没有把握或无法改变的事实，既不愿去接纳它，又不甘心去否定自己的能力的一种心理状态。当心里充满了嫉妒，我们就不能够客观地接纳别人，不能诚心诚意与人相处。然而，当我们赞美别人、发现美的时候，我们就会追求美，而不再是嫉妒贤能，拒绝赞美别人。并且，乐于赞美别人，也会使人发现你的优点。有时我们得不到赞美，并不是我们做得不好，而是我们都不愿发现别人的美，不善于赞美别人。经常赞美别人，你会发现自己不再狭隘，内心世界也变得温暖而光明。

与同学或好伙伴相处，不要嫉妒他们的进步、成功。但反过来被别人嫉妒了又怎么办呢？

我们可以通过心理暗示来消解自己的情绪。第一，被别人嫉妒说明了你的优势。因为你如果不是有几分才气、能力、成绩，谁会嫉妒你？第二，不必斤斤计较，要吸收别人嫉妒中的合理因素和有利成分。如剧作家周振天所说："不必怨恨嘲讽与嫉妒，它的每一次到来，都是前进的动力。"第三，要正确地对待别人，对待自己，发现自己的"白璧微瑕"，加以完善，转化为前进的动力。第四，对于一些毫无根由的嫉妒，大可不必理会。克雷洛夫说得好："一切真正的天才，都能蔑视毁谤，……害怕大雨的，只不过是假花而已。"

每个人都有自己的长处，也有自己的短处，为何非拿自己的短处与他人的长处相比或者拿自己的长处与他人的短处相比？要知道："梅须逊雪三分白，雪却输梅一段香。"正确看待自己，正确评价他人，把嫉妒化为动力，人生之路会变得更为宽广！

第二节 猜疑

心思中的猜疑有如蝙蝠，他们永远是在黄昏里飞的。（培根）

猜疑会让你远离人群，猜疑会让你失去朋友，猜疑会让你失去成功的机会。所以，不要让你的猜疑心成为你失败的根源！

一

猜疑是人际关系的腐蚀剂，它可以使触手可及的成功机会毁于一旦。

莎士比亚在他著名的悲剧《奥塞罗》里面十分生动和深刻地刻画了猜疑对成功的腐蚀。

国王的女儿苔丝德蒙娜冲破家庭和社会的重重阻力，同奥赛罗这样一个出身卑贱、肤色黑黝的将军结婚。最初，婚后的生活十分美满。然而，奥赛罗部下一个军官尼亚古出于卑鄙、自私的目的，编造谣言，制造陷阱，挑拨他们的夫妻关系，使奥赛罗对忠诚、纯洁的妻子产生了猜疑之心，在一个漆黑的夜晚竟用被子把苔丝德蒙娜活活闷死了。后来，奥赛罗知道了事情的真相，追悔莫及，自刎于妻子脚下。

爱情因为猜疑而变得隔阂，合作因猜疑而不欢而散，事业因猜疑而分崩离析。猜疑好像一条无形的绳索，会捆绑人的心志，使猜疑者远离朋友。一个人如果猜疑心过重，就会变得心胸比较狭隘，会因为一些可能根本不存在，也根本不会发生的事而忧心忡忡、郁郁寡欢；喜欢猜疑的人很难与同学朋友进行友好交往，结果可能就是性格内向孤僻，没有朋友。猜疑是人性的弱点之一，是害人害己的祸根。一个人一旦掉进猜疑的陷阱，必定处处神经过敏，对他人心生怀疑，损害正常的人际关系，带来难以弥补的损失。

李平是一家公司的普通职员，平时和公司里的人关系都不错，但是有一个人除外，那就是同事小林。小林是部门主管，在开会的时候总会点出一些员工的不足。李平认为小林总喜欢针对自己，什么都和自己过不去。时间一长，李平的心里就开始怨恨小林，甚至开始到处传播关于小林的谣言。最后，小林因为这些谣言威信扫地，而李平不仅因为造谣生事被驱逐出了公司，还被小林起诉，被法院判决赔偿小林精神损失费 2000 元。

心理学家发现，猜疑者多半产生于缺乏"自我安全感"。对自己的控制能力缺乏足够的自信。为什么会猜疑？因为担心自己的利益受到损害，而这种担心显然是由于对自己控制局面的能力信心不足造成的。

一个人如果总是感觉到自己在社会中处于不安全的境地，就难免对周围环境产生疑虑、忧心忡忡。在许多情况下，不是别人对你有成见，而是猜疑心使你产生别人对你有成见的错觉，这样又会反过来影响别人的情绪，从而真的对你产生不好的看法，最终形成一个恶性循环，最终造成种种不良后果。

猜疑的实质是缺乏对他人的基本信任，又缺乏基本的沟通，猜疑者不从他人的行为表现去判断一个人，不和别人进行正常的沟通，而是凭直觉认为别人不对，因而对他人反复考察，希望自己的猜疑得到证实。但在现实中很多事情都是难于查证的，于是猜疑者就认为自己的猜疑有了根据。然而，最后大部分事实却证明，他们的猜疑是不正确的。如果相互之间的沟通顺畅，那么猜疑的霉菌就无处生长。对成功路上艰难跋涉的追求者来说，猜疑将是一个随时可能吞没你整个宏伟事业的陷阱。因为你的猜疑可能随时被别人利用，而蒙在鼓里的你还浑然不觉。其实，只要你细加分析，就不难发现猜疑是多么的没有道理和破绽百出。

很早以前，一个人丢失了一把斧头，他怀疑是邻居的儿子偷的。这样想了之后，他观察邻居儿子的言谈举止、神色仪态，怎么看都是偷斧子的人。为此，他甚至跑到邻居家去讨要，邻居不承认，于是他就在邻居家门口破门大骂，对邻居的声誉造成了很不好的影响。后来，没过多久他就在山谷里找到了斧头，再看邻居的儿子，也不觉得他像偷斧子的贼了。然而，邻居却认为自己无缘无故被冤枉，被漫骂，忍不这口气，一纸诉状将他告上县衙门，最后县官要他当众向邻居赔罪道歉，这件事才算了结。

喜欢猜疑的人在与别人交往时，往往抓住一些不能反映本质的现象，凭借自己的主观想象进行随意发挥，对别人产生成见和误解，或者在交往之前对某人有某种印象，在交往的过程中就处处先入为主，对方一有举动，就对原有成见加以印证，即使错了，也认为自己是对的。而且猜疑心重的人往往是很孤独的，他们行为乖张、古怪，言语尖酸、刻薄。别人对他和蔼可亲，他会觉得是别有用心；别人一时没顾及他，他又觉得别人是在排斥他；别人赞美他，他觉得是在嘲讽他；别人指出他的不是，他又以为人家是故意跟他过不去。

猜疑心理严重者，整天提心吊胆，戒备他人，防范来自外界的侵害，身心都承受着巨大的压力。一个人如果把大量的精力和思考耗费在无谓的猜疑上，就不可能完全发挥自己固有的能力，因而最后的结果必然是碌碌无为。猜疑会阻碍一个人的志向，减弱一个人真正的力量，并损害身体的健康，降低学习和工作效率。一个有猜疑性格弱点的人，在工作上会因为心情散乱，失去清晰思考、合理规划的能力，注意力不集中。猜疑心理使猜疑者一天一天挣扎在消极的境遇里，他们有的只是对未来及他人的失望和戒备，他们享受不到快乐、成功和健康。

二

作为一种情感体验，猜疑总是隐隐约约地在心里的深层"骚动"，使人不安、焦虑、烦躁，甚至悲伤。因此，在人生的情感世界中，要尽力去克服猜疑心理。

第一，学会用事实作判断，逐步消除自己的猜疑心。当你疑心别人在讽刺你、轻视你的时候，不要马上采取行动，先观察一下，看你的猜疑是否正确。设身处地地去为对方设想一下，看他的言行是否合情理。这样一来，也许你会发现，事情常常和你猜想的不一样。所以，必须学会善于观察，善于调查研究，一定要保持冷静客观的态度，观察、分析、思考问题。当然，要真正做到这点，还是比较困难的，这时，可以请自己信得过的人帮助参谋分析，消除一切荒唐可笑的想法。而且，遇事应多往好处想。

第二，与他人真诚相处。一般情况下，人们对自己信得过的人，不大会产生猜疑。反之，越是自己不信任的人，越容易疑神疑鬼，总以为别人在同自己作对。因此，多疑的人应特别注意同别人直言相告，坦诚相处。有了彼此间的信任，猜疑的基础就不存在了。

如果对某人一旦产生猜疑，则更应如此。可以主动与对方接触，开诚布公地谈一谈，互相交心通气，这样不但可以消除误会，驱散疑云，还能更加增进彼此间的友谊。关系融洽、互相信任，有利于团结一致，携手前进，因多疑而引起的焦虑苦恼也就会一扫而光。

同时还需注意抛弃成见。一般而言，多疑的人往往是在主观上对他人不满，然后把生活中许多无关的事拉扯在一起，来证明这个成见，有一些还是无中生有地制造出来的。无论什么事，总是喜欢从坏的方面去无端猜测；别人无意中的一言一行，他都以为是对自己的不满或有意见，弄得人际关系紧张。很多时候他们都在担忧，但他们的担忧又找不到任何充分的事实根据，完全是自己的凭空想象；甚至有时候他们自己也不能确定自己在怀疑什么，只是固执地认为别人肯定会危害到自己。结果，猜疑者往往会预先主观地设定一个框框，然后按图索骥，结果只能是疑心越来越重。时刻提防着别人，心中充满沉重的心理压力。因此，抛弃主观臆断而形成的成见，是十分重要的。

第三，向他人真诚倾诉。当与人接触时，你要尽量少注意自己内心的细小感受，要尊重对方的优点。多疑的人往往不愿把心里的疑惑说出来，而是藏在心里，冥思苦想，越想越疑、越想越气，结果既解决不了问题，还可能使矛盾进一步扩大，甚至恶化，于人于己都不利。因此，心存疑问时，要冷静分析，坦率地、诚恳地把自己的疑虑讲出来，心平气和地谈一谈，你会发现你所有的疑虑都会得到解决。

其实，将心中的不快和怀疑向亲友倾吐，释放出心里的不平、积怨、苦闷与烦恼，不使自己成为孤家寡人，让他们为你排忧解疑，疑团更容易澄清，也不会在苦恼中感到孤立无援。

当你勇敢地打开心灵的窗户，拉近人与人之间的距离，别人就会很快地理解你、接受你，从此建立起彼此互相信赖的友好关系。如果你能敞开心扉，把真实的自我展现在别人面前，不隐瞒自己的缺点和弱点，不仅不会引起别人的误解，反而会得到关心和谅解。

第四，加强积极的自我暗示。当猜疑心越来越重的时候，要尽力提醒自己"刹车"，如告诫自己："我也许是弄错了"、"他不是那种人"，等等，以打破自己的怀疑。通过心理暗示，努力从自我的主观想象中走出来。同时也加强了控制多疑心理的锻炼，让自己心胸开阔、达观坦荡，慢慢把多疑的性格改掉，做一个正常健康的人。

猜疑会让我们的世界缺少欢声笑语，因此，变得自信一些吧！

第三节　自我

经常谈论自己的人常受损。自责往往被人信以为真，自赞决不会受人相信。（蒙田）

不要以自我为中心，因为这不仅仅是谦虚，也是一种尊重！要知道你与他人没有什么不同！

一

华哲斯顿是世界著名的魔术师，以其高超的技艺被同行公认为魔术师中的魔术师。他绝对是个贫民出身，从未上过一天学，最初所认知的字都是从小靠从铁路旁的标牌上学到的。但他前后在世界各地表演40年，为6900万名观众演出过，事业的成功是其他同行所不能比拟的。

当有人问他成功的秘诀时，他说："我会的魔术手法跟其他同行相比并没有什么特别，大家用的基本手段都是一样的。但有两样别人没有的东西帮助我成功：其一便是个性，一个演员如果没有个性，是很容易被观众遗忘的，所以，我尽全力在舞台上把自己的个性展示出来；二是我了解人类的天性，这是我成功的关键所在。现在大多数人都喜欢别人重视自己，对自己感兴趣。魔术的确能暂时欺骗观众的眼睛，这是它的乐趣所在，但作为一个魔术师不能把观众真的当成是傻子，虽然只要略施小技就可以把人们骗得晕头转向。我从干这个职业以来，从来都没这么想过。

"在上台表演之前，我总对自己这么说：'能有这么多人来看我的表演是我的荣幸，是你们让我过上了一种我所喜欢的生活，没有你们的观看，魔术就失去了它存在的价值，我的生活也将索然无味，我很感激你们的到来。我要用最大的热情和最高明的手法来满足你们的期望。'"

让别人成为关注点，不时刻想着自己成为焦点，这就是深受观众欢迎的魔术师的成功秘诀，简单却深刻。

一个以自我为中心的人在与他人交往的过程中往往不受欢迎，他们时刻把自己放在第一位。忽视他人的感受，最典型的表现是说话交流。

美国的一家电话公司曾做过一项趣味的问卷调查，问题是："在接打电话时，哪一个词出现的次数最多?"他们分别对500个电话用户进行了电话调查，谈话时间都是相同的。结果不久就出来了，令他们十分吃惊的是，第一人称"我"被使用了3955次。

可见，在谈话中，以自我为中心的心理还是很普遍的，但是一个独霸谈话、张口闭口都是"我"的人，是很令人讨厌的。独霸谈话是对自己的放纵，这种人对于听众的叹息、迷惘、皱眉、否定以及其他任何话题都无动于衷，不予理睬。然而可悲的是，他们这种自我陶醉往往总是他们自己的独白。

谈话者必须像汽车司机一样随时注意红绿灯。对于他来说，一方面是听众愉快、专心、赞同的信号，另一方面则是厌恶、烦躁、否定的信号。如果他没有注意红灯，还是接着往下说，他终究会发现使他谈话失效的正是他自己。也许听众张开嘴巴有时完全是因为听得兴奋，而不是想插嘴打断你。即使如此，你还是不能忘记红绿灯，让别人先走一步，你自己并不会损失什么。如果听众真被你的机敏与才智所吸引，他们会不断亮出"说下去"的绿灯。

一般来讲，自我倾向严重的人，人际关系也比较紧张。对于中小学生来讲，由于心理发展水平的制约，存在"自我中心"的倾向更明显，他们往往只用自己的角度去认识事物，日常行为和想法常常受到自己的需要和情感的强烈制约所影响，而不顾及他人的情感和需要。如果家长、教师不注意引导教育，溺爱、娇宠孩子，则会强化孩子"自我中心"倾向，孩子就会成为自私自利、不顾他人的学生。因此，要及早的纠正他们的自我倾向。

二

总有一些人喜欢以自我为中心，希望别人围着自己转。当听到有人责备他们只爱自己、不关怀别人时，他们会大言不惭地告之：这是个性。一个人如果不先爱自己，何谈爱别人呢？这话听起来好像很有道理，事实上却大错特错。成功者的经验告诉我们，自我倾向严重的人，成功的机会也比较少。

那么，该如何改变中小学生的自我倾向呢？

第一，教育学生心中有父母。心中没有父母的孩子也不会有他人。心中有父母的教育是对孩子进行做人教育的基础和起点。家长一定要从孩子身边的一点一滴小事中教育孩子。比如，教育孩子专心听父母说话，听从父母的正确教导，承担力所能及的家务，记住父母生日并用自己的方式庆贺，尊重父母的劳动等。另外，家长在为孩子的生活起居考虑的同时，也应让孩子体会父母的辛苦。比如，在父母学习或休息时，不吵吵闹闹等。

第二，教育学生心中有老师。以往，学生把老师说的话当做"圣旨"——不会错，必须听。现在，有些自我中心倾向的学生对老师不够尊敬，比如，发现老师有某些缺点，采取讥笑、讽刺的态度，不尊重老师的劳动。这种学生对老师的态度都是错误的。学生目中无"师"，德、智、体等方面就难以全面发展。

要让孩子了解老师的辛苦。了解是理解的基础。比如，让孩子想想老师一周批改多少本作业本、处理多少班务等。学生们经过了解，就会理解教师为学生付出那么多，从而激发学生对老师的敬佩之情。

第三，教育孩子心中有同学。为了使孩子心中有同学，可以借鉴如下方法：

①为孩子树立榜样。

"榜样的力量是无穷的。"例如，孩子往往对电影、电视及故事中的英雄模范人物很佩服。家长要及时引导孩子：这些人之所以好，是因为他们为集体、为大家做了好事。要经常鼓励孩子多参加集体活动，关心集体，为集体出力，鼓励孩子将自己融入集体中，去提高关心同学的品德修养。

②让孩子学会"角色置换"。

"角色置换"就是转换到他人位置去实际体会别人的需求、感受。例如，有一次，一个孩子把同学的脸抓出血来了。家长问："要是你的脸也被抓出血来，你疼不疼?"此时，通过让孩子设身处地的想象，自己就与被打孩子"掉换"了位置，就会感到疼痛、难受，由此而为自己的行为感到不安、羞涩。"角色置换"能有效地起到弱化"自我中心"的作用，帮助孩子从自己角度出发转为能考虑别人的感受和需要，形成心中有他人的思想和行为。

③让孩子积极奉献爱心。

家长应注意积极引导孩子与同学交往中尊重、关心、帮助别人。同学在学习、休息时，不去打扰；同学不舒服了、病了去关心、安慰；好吃的与同学分享，好玩的大家一起玩……通过"手拉手"活动，让孩子主动拿出零用钱、旧文具等给贫困偏远地区的同学。在为他人着想，关心帮助他人时，有时孩子的利益可能会受到一点损失，如可能牺牲了自己的学习、休息、娱乐时间，也可能会感到辛苦、劳累了一点，但家长应及时肯定这样做是对的、有价值的。

第四，教育孩子要学会倾听别人意见，要避免过多的"我"。这样不仅会使你的生活更加有意思，而且别人也会更喜欢你；不要老是纠正别人；常给陌生人一个微笑；不打断别人的讲话；不要让别人为你的不顺利负责；要接受事情不成功的事实；忘记自己事事都必须完美的想法；承认自己的不完美等。这样生活会突然变得轻松得多。

语言学家布里德奇说："学会了如何倾听，你甚至能从谈吐笨拙的人那里得到收益。"良好的谈吐有一半要依赖倾听，不仅是用耳朵，用大脑，还要运用你的心灵。倾听往往和说话同等重要，当谈吐乏味沉闷的时候，你常常会精力分散，漏掉重要的字句，以致误会对方的意思，甚至主观地判断对方的观点，而全然不管可能根本不是那么回事。学会倾听，你会获得更多的朋友。

自我倾向在每个人身上都或多或少有所表现，因此，要克服这种不良倾向，消除人际交往中不利因素。

第三章 学习中的消极心态

学习是中小学生的主要任务。三种学习中的消极心态，是同学们在学习中学习不好常见的原因。因此希望大家仔细阅读本文。

第一节 懒惰

懒惰像生锈一样，比操劳更能消耗身体；经常用的钥匙，总是亮闪闪的。（富兰克林）

懒惰是人的通病，千万不要让懒惰占据你的人生！希望本文能给大家一些启示。

一

你是否也有不愿起床的时候呢？如果有，那就说明你身上有懒惰的影子。其实，人性天生就是喜欢偷懒的。不要认为只有早上不愿意起床和不想干家务活才是懒惰。懒惰有各种表现形式。

一只很普通、很可爱的鸭子，生活在无忧无虑的养殖场中。它从小到大，没有人亏待它，也没有人欺负它，就这样一直到羽翼丰满。有一天，主人将它从笼中带出来，说是要带它见世面，鸭子于是充满喜悦和好奇地去了。

在一个喧闹的集市上，鸭子见到好多喜欢自己的人，指着自己向主人问这问那。最后，一位慈眉善目的新主人将它从笼中拉了出来，放在自行车上一路骑着回家。鸭子并不知道自己大祸临头，它甚至天真地以为，因为它的听话和温驯，会引来新主人更多的垂青。

在一座人多拥挤的小桥上，它从车子上掉了下来，它本可以在此时逃生，翻身跃到桥下的小河里，又回到自由自在的生活中去，可是它觉得小河里的新环境会让它无所适从，它不想重新适应。于是它没有逃，放弃了自由，温驯地在地上一动不动等着它的新主人。结果可想而知，它到最终被新主人送进了厨房。

你是不是觉得鸭子很傻，不明白状况？那么，你自己呢？当你沉浸于爸妈宠爱的美好的生活中时，有没有在心里真正想过这一生自己想要什么样的命运？你有没有忧患意识？有没有认真给自己定位以及对未来作出预测？你有没有希望愉快地同家人或他人交谈，却没有做？有没有想做自己喜爱做的事，却没有做？有没有日常起居极无秩序、无要求，不讲卫生？有没有常常迟到、逃学且不以为然？有没有不能专心听讲、按要求完成作业，文具常不配齐？有没有不知道学习的目的，不肯主动地思考问题？事实上，这些都是懒惰的表现。

懒惰是一种极坏的精神状态，它会让很多人虚度光阴，坐失良机。当无事可做的时候，人的懒惰就会被培养出来、激发出来。而懒惰会引起无聊，无聊的人会对那些勤奋之人充满了嫉妒。那些懒惰的人只相信运气。看到人家发财了，他们就说："那是幸运！"看到他人知识渊博，他们就说："那是天分！"看到他人朋友多，人缘好，他们就说："那是机缘！"

他们不曾目睹那些人在实现理想过程中经受过的考验与挫折，他们只看到了成功后的光明与喜悦，却对曾经的黑暗与痛苦视而不见。他们不明白克服不了重重困难，是根本无法实现自己的梦想的。

有些人也并不是绝对的懒惰，只是他容易找到懒惰和勤劳之间的平衡点，那就是等待。他们觉得过了一定的时间，自己就能打起精神来把事情做完，但是真到了约定的时间，却又能找到新的借口，于是他们总在拖延。其实这样做比懒惰更可怕，因为这样的人，不仅懒惰，而且还没有意识到自己的懒惰。

在生活中，"明天再做"、"等一等"、"现在不行"……诸如此类的词汇出现的时候，就是你被懒惰俘虏的时候。有一句很老套的话：时间不等人。因为你的拖延，你浪费了很多宝贵的时间，也错失了很多的机会，最终受损最多的一定是你自己。懒惰最亲密的伙伴就是"明天"和"未来"，明天你的确可以做很多事情，但那是明天的事。今天的事情，你应该在今天去做。

没有一个人能够随随便便成功，每个人最终收获的成果取决于这个人努力的程度，所以，当一个人被懒惰俘虏时，他就永远也无法享受到成功的喜悦。

二

懒惰会吞噬人的心灵，消磨人的斗志。消极怠工，虚度光阴，受伤害最深的是你自己。一些人花费很多精力来逃避任务，却不愿花相同的精力努力完成任务，这样的人是最笨的。

一天，主人把货物装在两辆马车上，让两匹马各拉一辆车。

在路上，一匹马渐渐落在了后面，并且走走停停。主人便把后面一辆车上的货物全放一前面的车上去。当后面那匹马看到自己车上的东西都搬完了，便开始轻快地前进，并且不无得意地嘲讽前面那匹马："你辛苦吧，流汗吧，你越是努力干，主人越要折磨你。"

到达目的地后，有人对主人说："你既然只用一匹马拉车，那么你养两匹马干吗？不如好好地喂一匹，把另一匹宰掉，总还能拿到一张皮吧。"

于是主人便把那匹没拉货物的马宰掉了。

懒惰的人是不受欢迎的。但懒惰又是人之常情，能坐下就不站着，能躺着就不坐着。那么，怎么才能克服这种惰性呢？

第一，看重勤劳的结果。很多人产生惰性是因为畏惧将要付出的艰辛，所以他们在什么都还没有做的时候就已经感到很累了。所以，在发生这样的情况的时候，首先要想到美好的结果，而不是去注重辛苦的过程，这样一来，你就能从内心深处产生战胜懒惰的动力。或者当你发现自己又想偷懒的时候，可以做一些难度很小的事或是你最爱干的事，也可以做一些你想了很久的事。不要只看结果如何，只要这段时间过得充实、愉快就行。

第二，提高自己对辛劳的承受能力。从小事开始锻炼自己，让自己逐步习惯去承受一定的辛劳，久而久之，就能逐渐地提高对于辛劳的承受能力。

第三，制订一个个简单的计划，把事情分割开来。当你觉得一件事情很难解决的时候，可以把它分割成很多小的步骤，一步一步去做，就不会觉得困难了。当然，这些简单的事情要认真去做。任何小事都有它的价值，当你习惯于立刻解决一些小事的时候，就不会再对繁琐的事情头疼了。而且，通过小事可以让你拥有一种成就感。

第四，不要害怕浪费时间。不要奢望像每一件事情都能有好的结果，你要勇于尝试。因为只有尝试了才能知道自己的实力。对于生活来说，有些事情无论成功或失败都是一种收获。瞻前顾后只会影响做事的效率。有些事情做与不做有着完全不同的意义。

第五，运用外在压力使自己勤奋起来。古人云："精勤则道成，懒惰则道败"。懒惰是三天打鱼两天晒网。懒惰是怕苦畏难。懒惰是好逸恶劳。懒惰是生活的伤，是人生的痛，是盘旋于生命天空的一片乌云。懒惰的人，注定学业无成，事业失败，生活混乱，最后是两手空空；而勤奋的人必定会用汗水和勤快，赢得生活的灿烂和人生的辉煌，收获累累硕果。

有一位哲人说过：世界上能登上金字塔的生物有两种，一种是鹰，一种是蜗牛。不管是天资奇佳的鹰，还是资质平庸的蜗牛，都能登上塔尖，极目四望，俯视万里，但这都离不开两个字：勤奋。

一个人的进取和成才固然离不开环境、机遇、天赋、学识等外部因素，但最重要的是自身的勤奋与努力。缺少勤奋的精神，哪怕是天资奇佳的雄鹰，也只能空振羽翅望塔兴叹；具备勤奋的精神，哪怕是行动迟缓的蜗牛，也能雄踞塔顶，观千山暮雨，望万里层云。而成与败的差别，也正在于此。

培根曾经说过："据我所知，在任何的知识领域，从来没有哪一本书，或者哪一种文学作品，或者哪一种艺术流派，其创造者没有经过长期艰苦的创作就获得了流芳百世的名声。天才需要勤奋，就像勤奋成就天才一样。"这个世界上，留存下来的辉煌业绩和杰出成就无一例外，都离不开勤勉工作，不管是文学作品还是艺术作品，不管是诗人还是艺术家。

因此，要用一切方式让自己勤奋起来，给自己施加压力，无疑是一种有效的方式。通过老师、家长的监督或者给自己制定可行的目标或者用奖励驱动自己努力，人是一种奇怪的动物，一些事情如果没有足够的吸引力，而且也没有足够的动力去推动的话，往往会停顿不前。当勤奋成为一种行为习惯，懒惰也就销声匿迹了。

第六，培养自己坚定的意志力。克服懒惰，正如克服任何一种坏毛病一样，是件很困难的事情。但是既然知道它有益无害，就要下决心摆脱它。

不思进取、得过且过，看不见明日的人，懒惰往往会在他那里扎根。消极的心态、享乐的精神、等待的理念、宽容、松懈、无所谓，这些全是惰性赖以生存和生长的土壤。当这些想法出现的时候，我们要用自己坚定的意志力对懒惰说"NO"。拒绝拖延、拒绝借口、拒绝放弃，下定决心，不仅能够抵挡得住小诱惑，更要抵挡得住较强、较大的诱惑。决心坚定、毅力超强的人总会趁机超越情性缠身的庸人，将他们远远地甩在身后，让他们品尝失败的滋味。

懒惰是人类的一个大敌，也是个很有诱惑力的怪物，世上的每个人都会与这个怪物相遇。比如，早上躺在床上不起来，起床后什么事也不想干，能拖到明天的事今天不做，能推给别人的事自己不做，不懂的事自己不想懂，不会做的事自己不想做。懒惰是一种普遍现象，但是，只有那些能克服懒惰，并勤奋向前的人才能在人生的道路上获得成功。

第二节　依赖

人多不足以依赖，要生存只有靠自己。（拿破仑）

事实上，依赖不仅仅指外在的人，还指你的天赋。拥有别人不曾拥有的天赋，如果你依赖它而不再努力，同样难以成功。

一

夏天刚到，小镇就又热闹起来了，这里即将举行一年一度的电单车竞赛，所有爱好电单车的运动好手都摩拳擦掌，希望自己能夺得这一届的冠军。

很多参赛选手都会提前两三个星期来到比赛场地进行训练，以便适应现场的地理环境和小镇多变的天气。在众多参赛选手中，有3个不同信仰的青年。

第一个人相信宿命论。他认为什么事情都是上天注定好的。有一次，他在参加比赛时在半路滑倒了，之后的赛程无论他多么拼搏努力，都无法改变失败的命运。所以，从此之后，只要比赛时他不幸滑倒了，他就会自动放弃比赛，他常说："既然一切都是命运，我又何必费力呢，反正最后的结果还不是一样。"

第二个人虽不像第一个人那样笃信命运，但是却非常膜拜中国三国时期的"关公"。每逢要去比赛的时候，他就会对自己家里的关公像虔诚地叩拜，有时，还特地赶往庙里，让有修为的大师给他算上一卦，如果大师说："此次可以参加。"那他就欣然前往，如果大师说："此去不利。"那他就会丧失信心，放弃比赛。至于这次小镇的比赛，大师说他一定能获得冠军，而且他还得意地对伙伴说："我已经拜过关帝爷了，他这次一定会保佑我成功的。"

第三个青年是第一次参加比赛，虽然没有什么参赛经验，但他是冲着冠军的宝座和丰厚的奖金来的。他每天艰苦地练习，一次次地跌倒，又一次次地爬起，他不断地鼓励自己："我一定要获得冠军！我一定要赢！我一定要拿到奖金。"他相信成功掌握在自己的手中。只要赢得比赛，他就有钱为病重的母亲治病，所以他绝不可以输！

"啪！"响亮的一声鸣枪，比赛正式开始了，几百名参赛选手飞速地往前冲去。

几分钟后，第一个青年因为道路太滑摔倒了，他平静地扶起车子，推到路旁，然后看着一个又一个的竞争对手从他面前快速地闪过，叹了一口气说："这能怎么办呢？一切都是上天的安排，这就是命运啊！"第二个青年坚信有"神灵"的保佑，他一定可以取得胜利，于是不顾一切地往前奔驰而去，结果，在一个转弯处，一不留神，撞到了树上，不省人事。

他的父母在电视上看到直播，马上跑到庙里找大师质问："你不是说有关帝爷的保佑，我的儿子一定能得冠军吗？现在他发生意外，关帝爷怎么不保护他？"

大师说："唉，关帝爷刚才托梦给我，他已经尽力在帮助你们的儿子了，可是关帝爷骑的是马，你儿子骑的是电单车，他怎么追得上呢!"

第三名青年比赛的时候心无杂念,一心只想着赢得冠军,即使跌倒了,他也没有放弃,马上爬起来继续往前奔驰,忍痛冲刺。

最后,由于第三名青年将自己的成败掌握在自己手里,所以他获得最后的冠军,并得到了那笔丰厚的奖金。

求人不如求己,当遇到难题的时候,我们首先要想的是依靠自己的力量去解决,而不是把所有的希望寄托在他人身上。那些不肯正视自己,不愿利用自己的潜在资源,只肯把目光放在他人身上的人,是不会取得最后的成功的。

夜幕渐渐降临,连日赶路的布朗先生终于在天黑之前赶到了小镇,并打算在小镇一家旅馆里投宿。和他一同走进旅馆的还有另一个人,这个人也是来住店的,但是旅馆老板对他们说:"真不凑巧,两位先生。本店现在只剩下一个房间了,不过是一间双人房,如果两位不介意的话,你们可以一同住进这间房!"

"难道没有其他房间了吗?哪怕小一点儿也没有关系?"布朗并不想和陌生人住进同一个房间。另外一个人也表示了不愿意。

但此时外边天已经完全黑了,而且又下起了大雨,小镇上就这一家旅馆,不住这里又能住哪里呢?最后他们只得勉强同意。旅馆老板给了他们钥匙,然后布朗和陌生旅客在房间里简单收拾一下,就各自上床休息了。

半夜时分,布朗忽然听到有人在喊叫,他猛地睁开眼睛,坐了起来,房间里漆黑一片,什么也看不到。"发生什么事情了?"他惊讶地问。

同房间那个陌生的旅客用一种虚弱的声音说:"非常抱歉打扰你,可我不得不喊醒你。我有哮喘病,现在突然病发了,头痛欲裂的难受,感觉很糟糕。如果你不想看着我死掉的话,请麻烦你赶快帮我把窗户打开。"

布朗先生赶快从床上跳下来，四处摸索着开灯，可是停电了，也没有摸到蜡烛。

"空气、空气、我需要空气，我快要闷死了。新鲜的空气，请快一点儿，我、我已经要支撑不住了。"

没有任何的光亮，布朗先生只能快速地摸索着去找窗户，终于经过一段时间，他找到了光滑的窗户，可是怎么打都无法打开。此时，病人的喘息声越来越弱，情急之下，布朗先生抓起身旁的一张椅子，就朝窗户砸去。

"哗啦"一声，玻璃碎了一地。

"谢谢，我好多了！"病人马上停止了呻吟，语气也变得轻快了许多。几分钟后，布朗先生回到了自己的床上，然后两人又各自进入了梦乡，直到天亮才醒过来。

第二天早上，布朗先生和那位旅客起床的时候，惊讶地发现，房间里唯一的一扇窗户完好无损地待在那里，而房间内的穿衣镜却碎了一地。

"怎么会这样？"那个人看着满地的碎片说。

布朗先生笑了一下说："看样子你的病和窗户无关，而是和自己的心有关啊！看似限制我们的东西，其实只要靠我们自己的心就可以解决了！"

每一个看似需要依靠别人的帮助或者依靠外力的救助的事情，其实我们都可以自己做好，可以自己拯救自己，我们的依靠、依赖更多时候是一种心理感觉，是一种不自信的表现。很多时候我们感到生活充满压力和不安，那都是由我们的内心自己营造出来的一种压力心境，只要打破它，我们就可以走出痛苦和不安的泥沼，踏上一条充满希望和活力的道路。

人类注定只有靠自己才能获得自由，"你的命运藏在你自己的胸里"。

依赖他人，我们就会觉得总是会有人为我们做任何事，所以不必努力，结果只能导致人生走向失败。对于成大事者，拒绝依赖他人是对自己能力的一大考验。就是说，依附于别人是肯定不行的，因为这是把命运交给别人，而失去做大事的主动权。

有些人遇到什么事、什么人，首先想到的是别人怎么看、怎么想，在做什么事的时候总是追随别人、求助别人，这就是对别人的依赖。别人说什么就是什么，别人做了以后自己才敢去做，凡事不相信自己，不能自作主张，不能自己决断，这也是对别人的依赖。这样的人，在家中依赖亲人，在外面依赖上司、同事，一天不依赖，他就一天也做不了人。要是没有人在他的身边，他会不知所措，变得紧张、慌乱，失去方向。这样的人，是人格没有成熟、没有健全的人，是身体懒惰和心理懒惰的人。

很多人都以为他们永远会从别人不断的帮助中获益，却不知一味地依赖他人只会导致懦弱。如果一个人总是依靠他人，将永远也坚强不起来，永远也不会有独创力。人生往往就是这样，要么独立自主，要么埋葬雄心壮志，一辈子老老实实做个普通人。

那么你呢？你是否有依赖的习惯？是否有追随别人、等待别人做第一个吃螃蟹的人的习惯？如果有，那么你已经在远离成功了。

二

比尔·盖茨说："依赖的习惯，是阻止人们走向成功的一个绊脚石，要想成大事，你必须把它一脚踢开。只有靠自己的力量取得的成功，才是真正的成功。"

香港巨富李嘉诚的两个儿子李泽钜和李泽楷从美国斯坦福大学毕

业后，想在父亲的公司里干一番事业，但被李嘉诚果断地拒绝了：
"我的公司不需要你们！你们还是自己去打江山，让实践证明你们是
否适合到我公司来任职。"

兄弟俩去了加拿大，一个搞地产开发，一个投资银行。他们克服
了外人难以想象的困难，把公司和银行办得有声有色，成了商界出类
拔萃的人物。

李嘉诚以"冷酷无情"把孩子逼上自立、自强之路，铸造了他们
勇敢坚毅、不屈不挠的人格和品性。

很多有识之士认为，把孩子放在可以依靠父亲或是可以指望帮助
的地方是非常危险的做法。在一个伸手可以触到底的浅水处是无法学
会游泳的。而在一个很深的水域里，孩子会学得更快更好。当他无后
路可退时，他就会全力以赴以使自己安全地抵达河岸。

坐在健身房里让别人替我们练习，是永远无法增强自己的肌肉力
量的；越俎代庖地给孩子们创造一个优越的环境，好让他们不必艰苦
奋斗，就永远无法让他们独立自主，成为一个真正的成功者。

生活中最大的危险，就是依赖他人来保障自己。雨果曾经写道：
"我宁愿靠自己的力量打开我的前途，而不愿企求有力者的垂青。"

只要一个人是活着的，他的前途就永远取决于自己，成功与失败
都只系在自己身上。而依赖作为对生命的一种束缚，是一种寄生状态。
英国历史学家弗劳德说："一棵树如果要结出果实，必须先在土壤里
扎下根。同样，一个人首先需要学会依靠自己、尊重自己，不接受他
人的施舍，不等待命运的馈赠。只有在这样的基础上，他才可能做出
成就。"将希望寄托于他人的帮助，便会形成惰性，失去独立思考和
行动的能力；将希望寄托于某种强大的外力上，意志力就会被无情地
吞噬掉。

真实人生的风风雨雨，只有靠自己去体会、去感受，任何人都不

能为你提供永远的荫庇。你应该掌握前进的方向，把握目标，让目标似灯塔般在高远处闪光；你应该独立思考，有自己的主见，你必须懂得自己解决问题。你不应相信有什么救世主，不该信奉什么神仙或皇帝，你的品格、你的作为，你所有的一切都是你自己行为的产物，并不能靠其他什么东西来改变。

你，就是主宰一切的神灵。一个人，即使驾着的是一匹羸弱的老马，但只要马缰掌握在他的手中，他就不会陷入人生的泥潭。人只有依靠自己，才能配得上最高贵的东西。

年轻的拿破仑在郊外打猎，突然听到"救命"的呼喊声，他循着声音快速来到河边，看见一名男子正在水中挣扎。

拿破仑抬头看看四周，发现这条河没有多宽，于是便拿起猎枪，对准了求救的人，朝他喊道："你自己要是不游上来，还待在水里的话，我就一枪把你打死！"

那人见求救已无用，只得奋力搏击，最终游上岸来。

每个人都是自己生命的主宰者。人生中，任何人都不能为你提供永远的荫庇，只有你自己能主宰你命运的沉浮。祛除依赖心理，独立面对真实人生的风风雨雨，相信你定能奏响生命雄壮的乐章。

三

那么，对于中小学生生来说，如何能去除依赖心理呢？

第一，学会依赖自己，而不是依赖别人、依赖老师、依赖亲人。比如，遇事先自己拿主意。先想该怎么办，自己做主，然后再听取他人的意见，从中学到解决问题的经验和技巧，这样才能使智力有所增长，从而培养自主的能力。又如，尝试着培养独立思考的能力。允许自己独自在一定的限度内犯错误，甚至允许自己做错。学会依赖自己，才能独立自主。懂得学会都靠自己去奋斗、去争取。只有一切依靠自己，才能获得真正的成功。

第二，要消除身上的惰性。依赖心理产生的源泉，在于人的惰性。要消除依赖心理，先要消除人身上的惰性。要消除惰性，就得锻炼自己的意志。处理事情的时候，要果敢上前，说做就做，该出手时就出手；还得有灵活的头脑，要善于思考、勤于思考。可以坚持参加体育锻炼，制定目标和计划，逐渐消除心理惰性。

第三，要从小事做起，每天都应认真反省，一步一个脚印地去做。任何事情都不可能一下就做成，都需要慢慢地起步，一步步地积累。这就像是跳高，总需要先慢慢跑几步，然后再快速跑，最后才起跳。从简单的自己能做的事情开始，培养自己的独立意识，学会不依靠别人的帮助解决问题。

第四，树立自信心。当你充满信心去实践自己的主张时，就不太需要依赖外部的帮助。当你遇到困难时，要充满信心，让你不轻易向别人求援或接受他们的帮助。信心满满的去做别人没有做的事，而不是等待被人给你做了示范之后，再跟着做。

对于中小学生来说，有一个现象值得注意，有些学生自以为聪明或者过去的成绩很好，便不再去努力的学习，或者凡事都想依赖老师的教，而缺少主动的学。这种现象也是一种依赖，这种依赖的解决方式，一方面是老师的督促，另一方面是给学生灌输"学无止境"、"业精于勤而荒于嬉"的道理，让学生学会谦虚。要知道，"三人行，必有我师"。

第五，家长要让孩子学会从小自己作决定。一旦作出决定，就让他意识到要对选择的后果负责任。比如，一个人如果在他得到一星期的零花钱的第一天就把它花光了，那么他就必须尝尝那个星期其余几天没有钱的滋味。自主能力往往都是在几次成功与失败的过程中树立起来的，不要太在意失败。家长、老师千万不能越俎代庖，一切都帮孩子打理好。

第六，要明白自助者天助。我们的成功之路，是用自己的双脚走出来的；我们的人生舞台，是用自己的行动表现出来的。只有靠自己取得的成功，才是真正的成功。

某人在屋檐下躲雨，看见一个和尚正撑伞走过。

这人说："大师，普度一下众生吧，带我一段如何？"

和尚说："我在雨里，你在檐下，而檐下无雨，你不需要我度。"

这人立刻跳出檐下，站在雨中："现在我也在雨中了，该度我了吧？"和尚说："我也在雨中，你也在雨中，我不被淋，因为有伞；你被雨淋，因为无伞。所以不是我度自己，而是伞度我。你要被度，不必找我，请自找伞去！"说完便走了。

"自立者，天助也"。这是一条屡试不爽的格言，它早已被漫长的人类历史进程中无数人的经验所证实。自立的精神是个人发展与进步的真正动力和根源，它体现在众多的生活领域，成为国家兴旺强大的真正源泉。从效果上看，外在的帮助只会使受助者走向衰弱，而自强自立则能使自救者兴旺发达。

在这个世界上，能够拯救自己的只有自己，只有依靠自己的苦干、决心和奋斗才能有所成就，有所作为。

清代画家郑板桥老年得子，却并不溺爱，而是力促他自立，要求他：流自己的汗，吃自己的饭，自己的事自己干。靠天靠人靠祖宗，不算是好汉。

能够充分发展一个人的潜能的，不是外援，而是自助；不是依赖，而是自立。如果你总是让其他力量推着才能前行，那么，你的生命意义将归于零。

只有坚持自我的独立，用自己的脚走自己的路，才能走出一条属于自己的独特的成功之路。摆脱一份依赖，你就多了一份自主，也就向自由的生活前进了一步，向成功的目标迈近了一步。

第三节　好高骛远

凡事都要脚踏实地去作，不弛于空想，不骛于虚声，而惟以求真的态度作塌实的工夫。以此态度求学，则真理可明，以此态度作事，则功业可就。（李大钊）

适合自己的目标才是最好的，不适合自己的目标，无论多崇高、多远大，都是空中楼阁。

一

所谓好高骛远，就是不切实际地追求过高的目标，又不踏踏实实做事。每个人都有自己的极限，超过自己极限的事，当然是不可能做到的。踏实勤奋是成功的必然因素，好高骛远者就缺少这种精神。

一位青年大学毕业后，曾豪情万丈地为自己树立了许多远大的奋斗目标，可是几年下来，他一事无成，所以满怀烦恼地去找一位智者倾诉。

当他找到智者时，智者正在河边的一间小屋里读书。智者微笑着听完青年的倾诉，对他说："来，你先帮我烧壶开水！"

青年见墙角放着一个很大的水壶，旁边是一个小火灶，可是周围却没有柴火，于是便出去捡拾。

他在外面拾了一捆枯枝回来，从河里装满一壶水，放在了灶台上，堆放了些柴火，便烧了起来。可是由于水壶太大，一捆柴火烧尽了，水也没有烧开。

于是，他跑出去继续捡拾柴火，等拾到足够的柴火回来时，那一壶水已经凉得差不多了。这回他变得聪明了，没有急于点火，而是再次出去捡拾了很多柴火，由于柴火准备得充足，一壶水不一会儿就被烧开了。

这时，智者忽然问他："如果没有足够的柴火，你该怎样把这壶水烧开？"青年想了片刻，摇摇头，智者说："如果那样，就把壶里的水倒掉一些！"

青年若有所思地点了点头。"你一开始就踌躇满志，树立了太多的目标，就像这个大壶装的水太多一样，而你又没有准备足够多的柴火，所以不能把水烧开，要想把这壶水烧开，你或者倒出一些水，或者先去准备足够多的柴火！"

青年顿时大悟。回去后，他把原来计划中所罗列的不切实际的目标一个个删掉，利用业余时间刻苦学习相关的专业知识，一步一步地走下去，两年之后，他的计划目标基本上都实现了。

很多时候，我们都希望自己能一次把水壶里的水烧开。其实，这样的想法往往让我们浪费了更多时间，却达不到目标。

人往往很容易把自己看得很高，因而也容易好高骛远，贪多求大，总想在事业起步时就能站在高起点上。可这样做的结果，往往是适得其反，大多时候难以如愿以偿。由于对未来的期望值过高，要求太多，很容易使人急功近利，心浮气躁，这样做的结果当然是攀不上成功的巅峰。

有一个年轻人，给自己定下的目标是做一个伟大的政治家。

在这样一个和平的时代，要做一个伟大的政治家，他应该先读大学的政治专业，或者别的文科专业，然后在分配的时候努力进入一个有晋升机会的政府机关，然后在单位进行各个方面的努力。

而这个年轻人，在定下这个目标之后，他什么都没有去做。这时他还在读高中，成绩平平。家里人督促他学习的时候，他是这么说的："我的目标是做一个伟大的政治家，做一个像毛泽东那样的伟大人物，读书做什么？"哦，他的这个目标看来是来自于那些伟大人物的激发。奇怪的是，他到底是怎么想的呢？他怎么才能达到目标呢？

高三的时候，他已不专心学习，似乎也不想去考大学了，只是看课外书。课外书当然都是一些政治人物传记，像《林肯传》、《丘吉尔传》、《周恩来》等。除了看伟人传记，他所做的就是玩。他可能是想，林肯也没有读多少书呀，那些伟大人物都没有读多少书呀。

在生活中，他也开始用伟大政治人物的眼光来看待人和事物。比如，他的妹妹和小姐妹闹矛盾了，他就以毛主席的口气说："你们两个，吵什么嘛！要团结，不要搞分歧；要和平，不要搞战争！"

当老师批评他学习不用功的时候，他又用领袖的语气说："知识越多越反动嘛！知识分子是棵大毒草！"

在对待同学、家长时，他也照样以伟大人物的口气说话。久而久之，人人都对他敬而远之了。

而他，由于一味沉浸在伟人梦中，却不好好读书，结果当然没考上大学。一个没受过高等教育的青年，在这个和平年代里，有希望成为一个伟大的政治人物吗？

也许有希望。但即使有，也是属于那些肯上进、求进取的青年，绝不属于他这样好高骛远的青年。许多时候，目标与现实之间是有一定的距离的，我们必须学会随时去调整。无论如何，人不应该为不切实际的誓言和愿望活着，不应该整天活在思想中而不去努力行动，不应该让自己走进好高骛远的行动陷阱，而应该为可预见的目标而努力奋斗。

二

对于中小学生来说，好高骛远更多地表现在学习上。那么，应该如何避免自己好高骛远呢？

第一，学会调整自己的目标。

在人生旅途中，有许多满怀雄心壮志、欲成大事的人毅力都很坚强，但是由于他们目标定得太高，最后无法成功。我们应该坚持我们的目标，不要犹豫不前，但也不能不知变通。如果我们确实感到行不通的话，就尝试着调整一下我们的目标。诺贝尔奖得主莱纳斯·波林说："一个好的研究者知道应该发挥哪些构想，而哪些构想应该丢弃；否则，会浪费很多时间在差劲的构想上。"

中小学生应该首先学会正确定位自己，只有正确认识自己之后，才能了解自己的能力，才能发现自己的目标是否适合自己。其次，要学会分解目标，如果每一步分解的小目标，你都有可能实现，那么，你的目标就是合理的。最后，在学习中对于目标要学会变通，根据自己的优劣势，合理安排时间，全面提高自己。

古时候有一个渔夫，是出海打渔的好手。他有一个习惯，每次打渔前都要立下一个誓言。有一年春天，听说市面上墨鱼的价格很高，于是他立下誓言：这次出海只捕捞墨鱼，好好赚它一笔。但这一次鱼汛所遇到的都是螃蟹，他非常懊恼地空手而归。等他上了岸，才得知现在市面上螃蟹的价格比墨鱼还要高，他后悔不已，发誓下次出海一定打螃蟹。

第二次出海，他把注意力全放在螃蟹上，可这一次遇到的全是墨鱼。不用说，他又是空着手回来了。他懊悔地发誓，下次出海无论是遇到螃蟹还是墨鱼，全部都打。

第三次出海后，渔夫严格地遵守自己的诺言，不幸的是；他一只螃蟹和墨鱼都没有见到，见到的只是一些马蛟鱼，于是，渔夫再一次空手而归……

渔夫没有赶得上第四次出海，他在自己的誓言中饥寒交迫地死去。

故事虽然夸张，却能给我们很好的启示。

第二，要踏踏实实地完成目标，努力向前。

一位古典音乐家这样说过："一天不练，自己知道。两天不练，妻子知道。三天不练，听众知道。"做人、做事是一个不断累积的过程。"积少成多"，在每天的进步中继续努力，才能实现目标，有大的成就；不专心的人永远不会成功。

王羲之是我国伟大的书法家，被誉为"书圣"。他在教导儿子学习写字的时候，就经常教育孩子要注意踏踏实实的前进。

王羲之有七个儿子，都学习书法。其中，排行老七的王献之成绩最差。有一次，王献之写了一个"大"字，自己感觉不错，就高兴地拿给父亲看。王羲之看了以后没有说话，只在"大"字下面加上一点，于是这个字就变成了"太"。

王献之问父亲这是什么意思，但是王羲之却说："你先出去吧，我现在很忙。"

王献之碰了一鼻子灰，就把这件事告诉了母亲。母亲也是一个书法行家，她听完以后对着字端详了一阵，就指着"大"字下面的一点说："我看只有这一点是下了工夫的。"

这时，王献之才明白了父亲的意思。于是，他又去见父亲，说："父亲，孩儿明白了，我的书法水平还差得远，应该刻苦努力地练习，注重积累，不应该到处炫耀。"

王羲之听完笑了，高兴地拍着孩子的头说："孩子，明白了这一点就好啊。你以后要努力，只要功夫到了，自然就好了啊！"

王献之接着问："父亲，您能不能告诉孩儿写字的秘诀？"

王羲之知道儿子还没明白练字的真谛，于是指着院子里18口大水缸说："秘诀就在那里面。"

王献之疑惑地眨眨眼，王羲之接着说："你把18口缸里的水用完，就知道是怎么回事了。"

从此，王献之开始用那 18 口缸里的水磨墨写字。一天，两天，三天……等到真的用完了那满满的 18 缸水，王献之已经成了有名的书法家，得到了人们广泛的赞誉。那一刻，他终于明白，写字的秘诀就是勤学苦练，踏踏实实，一步一个脚印。

凡事都要从点滴开始，循序渐进地进行。因此，善于积少成多，是达成目标的关键，那种妄图走捷径的想法是不现实的。

生活中，许多人都为自己树立了远大的发展目标，梦想有朝一日功成名就，许多人都想修炼自己的心性，成为人情练达的处世能手，但是，不肯从一点一滴做起，因为惰性缺乏循序渐进的努力，往往导致一事无成。只有踏踏实实的走下去，才能一步步达成自己的目标。

解·析
成功的心态

〈下〉　　　　潘天筱◎

中国出版集团
现代出版社

图书在版编目（CIP）数据

解析成功的心态（下）/ 潘天筱编著. —北京 ：现代
出版社，2014.1

ISBN 978-7-5143-2125-8

Ⅰ．①解… Ⅱ．①潘… Ⅲ．①成功心理 – 青年读物
②成功心理 – 少年读物 Ⅳ．①B848.4 – 49

中国版本图书馆 CIP 数据核字（2014）第 008534 号

作　　者	潘天筱
责任编辑	王敬一
出版发行	现代出版社
通讯地址	北京市安定门外安华里 504 号
邮政编码	100011
电　　话	010 – 64267325 64245264（传真）
网　　址	www.1980xd.com
电子邮箱	xiandai@cnpitc.com.cn
印　　刷	唐山富达印务有限公司
开　　本	710mm ×1000mm 1/16
印　　张	16
版　　次	2014 年 1 月第 1 版 2023 年 5 月第 3 次印刷
书　　号	ISBN 978-7-5143-2125-8
定　　价	76.00 元（上下册）

目　录

第三篇　树立积极心态

第三篇　树立积极心态

　　人生之途充满着荆棘与坎坷。只有拥有强大的内心、积极的心态才能更好的生活，发现更多的成功机会。积极心态是成功的钥匙。积极心态是可以后天培养的。本篇给同学们介绍三个方面的积极心态及树立方法，希望能对大家树立良好的心态有所帮助。

第一章　成功始于积极心态

　　成功没有偶然。积极心态是每一个成功者的成功秘诀。那么，成功需要哪些积极心态呢？

第一节　自信

　　自信是成功的第一秘诀。(爱默生)

　　无论人生多么艰难，请不要失去自信。失去自信就如同大家笔试时没有带笔，永远不会有成功的机会!

一

　　自信是一种积极的人生态度，它可以让你在任何境况下，都能泰然处之，坦然面对。这些境况包括失败、尴尬、落寞等，也包括成功。并不是相信自己能够成功才叫自信，相信自己就是自信。

没有自信，我们就会在不知不觉中自我设限、故步自封，制约和扼杀生命的潜能。生命是永远值得期待和希望的，它蕴涵着无限的可能性。即便是在山重水复疑无路之际，你需要做的，也只是相信自己，自强不息。相信你是独一无二的！

一只小老鼠在树林里看到了一只孔雀。它觉得孔雀的翅膀好美丽，再看看自己这么丑，自卑感油然而生。到了晚上，小老鼠做了个梦，它梦见自己变成了一只美丽的孔雀，正兴高采烈时，突然有一只狼迎面扑来，小老鼠努力地想找个洞钻进去，可是发现自己已经不能钻洞了，吓得它惊惶醒来。小老鼠心想：还好只是个梦。

一天，小老鼠看到老鹰飞得好高好高，好威风，自己跟老鹰比起来真是太渺小了。一会儿它靠着树干睡着了，梦见自己变成了老鹰，任意在天空中飞驰好不神气，但是，它以前的好友却都离它而去，不敢再与它为伍了。它突然觉得好孤单，还是当小老鼠的日子比较快乐，醒来后它好庆幸自己还是一只小老鼠。

小老鼠从自己的洞里爬出来，看到高悬在空中、放射着万丈光芒的太阳，禁不住说："太阳公公，你真是太伟大了！"

太阳说："待会儿乌云姐姐出来，你就看不见我了。"

一会儿，乌云出来了，遮住了太阳。

小老鼠又对乌云说："乌云姐姐，你真是太伟大了，连太阳都被你遮住了。"

乌云却说："风姑娘一来，你就明白谁最伟大了。"

一阵狂风吹过，云消雾散，一片晴空。

小老鼠情不自禁道："风姑娘，你是世界上最伟大的了！"

风姑娘有些悲伤地说："你看前面那堵墙，我都吹不过呀！"

小老鼠爬到墙边，十分景仰地说："墙大哥，你真是世界上最伟大的了！"

墙皱皱眉，十分悲伤地说："你自己才是最伟大的呀，你看，我马上就要倒了，就是因为你的兄弟在我下面钻了好多的洞！"

果真，墙摇摇欲坠，墙角上跑出了一只只的小老鼠。

谁是最伟大的呢？没有必要羡慕别人的力量。你需要认清自己的价值，挖掘自己的潜力，将你生存的意义充分体现出来，因为你是独一无二的。

你有什么理由不喜欢自己不相信自己呢？这个世界上，你本身就是一个奇迹，你是独一无二的，你是爸妈独一无二的宝贝，你是自己独一无二的全部，无人可以取代。即便你的调皮、你的缺点，也是独一无二的。有缺点，那又怎样呢？如果每个人都是完美的小球，人与人之间又有什么差别呢？正是那些表面的斑斑点点，那些凹凸不平，成就了性格志趣迥异的我们。你所拥有的一切，优点缺点，正是它们组成了你，唯一的一个你。爱惜自己，相信自己吧。

在一次讨论会上，一位著名的演说家没讲一句开场白，手里却高举着一张20美元的钞票。面对会议室里的200个人，他问："谁要这20美元？"一只只手举了起来。他接着说："我打算把这20美元送给你们中的一位，但在这之前，请准许我做一件事。"他说着将钞票揉成一团，然后问："谁还要？"仍有人举起手来。

他又说："那么，假如我这样做又会怎么样呢？"他把钞票扔到地上，又踏上一只脚，并且用脚碾它。尔后他拾起钞票，钞票已变得又脏又皱。"现在谁还要？"还是有人举起手来。

"朋友们，你们已经上了一堂很有意义的课。无论我如何对待那张钞票，你们还是想要它，因为它并没贬值，它依旧值20美元。人生路上，我们会无数次被自己的决定或碰到的逆境击倒、欺凌甚至碾得粉身碎骨。我们觉得自己似乎一文不值。但无论发生什么，或将要发生什么，在上帝的眼中，你们永远不会丧失价值。在他看来，肮脏或洁净，衣着齐整或不齐整，你们依然是无价之宝。"

生命的价值取决于我们本身。你是独一无二的，永远不要忘记这一点。当你努力去寻找属于自己的道路，世界同时会为你开启通往那条道路的大门。而当你走上生命专为你安排的道路时，生活的丰富和甘美自然会呈现。

相信自己一定可以找到生命的最佳方向，相信你自己是独一无二的。没有必要"上帝给你一张脸，你自己再造出一张脸"来。

信心是如此的珍贵，不要总是在后悔莫及的时候才能领悟到。经常对自己讲"我一定行"。做事的时候，你需要总是充满信心，要经常对自己讲"天生我材必有用"，相信自己一直是最棒的，一直是最出色的，你可以做得最出色，只要你肯下工夫去做。

在人生的历程中，有信心为你引路，任何经验都是岁月馈赠给我们的财富。即便是一些伤痕，也会有利于让我们培养健康心理，从而有利于实现人生远大的目标。

二

相信自己是独一无二的是一种自信，敢于走自己的路也是一种自信。

从众是人类的普遍心理。别人怎么干，我就怎么干。别人怎么生活，我就怎么生活，我不会比别人强，但也不比别人差。就是这样的心理，让许多人总是跟在别人的后面跑。年纪轻轻的你，是不是也已经这样了呢？

模仿是愚蠢的。你是这个世界上独一无二的人。不论好与坏，你都得自己创造一个自己的花园；不论是好是坏，你都得在生命的交响乐中，演奏你自己的乐器。为什么一定要为别人的生命伴奏呢？

做你想做的事，做社会允许的事，无论成功还是失败，走你自己的路！

美国著名电台广播员莎莉·拉菲尔在她30年职业生涯中，曾经被辞退18次。最初，由于美国大部分的无线电台认为女性不能吸引观众，没有一家电台愿意雇用她。她好不容易在纽约的一家电台谋求到一份差事，不久又遭辞退，说她跟不上时代。

莎莉并没有因此而灰心丧气。她总结了失败的教训之后，又向国家广播公司电台推销她的清谈节目构想。电台勉强答应了，但提出要她先在政治台主持节目。

"我对政治所知不多，恐怕很难成功。"她也一度犹豫，但坚定的信心促使她大胆去尝试。她对广播早已轻车熟路了，于是她利用自己的长处和平易近人的作风，大谈即将到来的7月4日国庆节对她自己有何种意义，还请观众打电话来畅谈他们的感受。听众立刻对这个节目产生兴趣，她也因此一举成名。

如今，莎莉·拉菲尔已经两度获得重要的主持人奖项。她说："我被人辞退18次，本来会被这些厄运吓退，做不成我想做的事情。结果相反，我让它们鞭策我勇往直前。"

坚持走自己的路会遭遇到无数的阻力，这时候你需要勇气与自信坚定的走下去。

当年高查尔斯想兴修巴拿马运河，一时间人们对这个壮举议论纷纷，毁誉不一，有人夸奖他勇敢坚毅，有人骂他异想天开，但是他对于这些毁誉一概置之不理，只管埋头苦干，有人问他对于那些批评有何感想时，他回答得十分恰当，他说："目前还是做我的工作要紧，至于那些批评，日后运河自会答复！"

运河果然如期修成了，一时是人声鼎沸，但现在却是众口一词地争相夸奖他了。他自己如何呢？他会站在第一艘试新船上，在群众的欢呼声中，通过自己亲手完成的水闸吗？他没有那样做。

一位前来参观揭幕典礼的英国外交官事后写信给朋友说："高查尔斯并没有乘坐第一艘试新船，他只在克里司特北面看着船开过。后来，我们又在加东湖和米得尔看见他穿着衬衫站在水闸上，观察开关水闸的机器船过来时，约翰·贝勒特原想对他高呼万岁，但不等他喊到第二声，他已经走开了。"

坚定不移地走自己的路，不去管身边那些喧闹的声音。他可以做到，你也可以。

总是跟在别人后面跑的人，永远跑不到前面。这样的人，终其一生都只会默默无闻。看看那随波浮沉的树叶，你就会知道它的结局。

生活就是一片汪洋大海，每个人都是一片叶子，你可以选择自己怎么做。正是因为人总是容易有从众心理，如果你能做到坚持走自己的路，就会出类拔萃、与众不同。

信心是"不可能"这一毒素的解药。有方向感的信心，可令我们每一个意念都充满力量。当你有强大的自信心去推动你的成功车轮，你就可平步青云，无止境地攀上成功之巅。所以，自信的走下去吧！

三

自信如此的重要，但是事实上，并不是每一个人都拥有自信或者一直拥有自信。那么，对于中小学生来说，该如何培养自己的自信呢？

第一，确定自己学习的目标或人生的目标，在心中描绘一幅希望自己达到目标的成功蓝图，然后不断地强化这种印象，使它不致随着岁月流逝而消退模糊。切记：任何时候都不要设想失败。

第二，正确评估自己的实力，学会全面地分析问题，摆正自己的位置。

自信并不是让我们目空一切，必须丢掉个人主义的有色眼镜，正确认识自己。学会全面、客观、发展地看问题，学会掌握分析事物的方法。人一旦跳出自我小圈子，站在客观的高处，低头看，就会找到自己的位置。到那时，就不会过高地评价自己，就不会昏昏然，就会发现我们只是沧海一粟。我们所取得的成绩和所谓的那点资本同别人相比，微不足道。这样，我们会冷静许多，也不会好高骛远，不会因为小成绩而得意，知道自己有什么样的能力，就能制定合适的目标。

第三，学会适度采纳别人的意见。

相信自己是成功的前提，听取别人的意见也是走向成功必不可少的条件。希腊有一句名言：经常问路的人，容易迷失方向。其实不然，一个人如果经常听取别人的意见，会使自己增长很多的见识，会让自己少走很多的弯路，争得更多的时间去追求完美，更好的走向成功。

如我国历史上的秦朝，就因为历代秦王听取百里奚、商鞅、张仪等的意见，从而使秦国壮大维而统一全国，成为中国历史上让世界瞩目的一个王朝。再如：我国历史上的唐太宗，就因为以史为镜，听取魏征等一班诤臣的意见，从而在中国历史上留下了"贞观之治"的壮举，成就自己的大业。由此可知，听取别人的意见是走好成功之路的一个关键问题。

相信自己就是站在事实的基础上相信自己，一切来源于现实，而又高于事实的相信自己；听取别人的意见不是一味地盲从，不加选择的听取别人的意见，也不是人云亦云，而是"择其善者而从之，其不善者而改之"。这才是适度听取别人的意见。

第四，遭遇挫折，出现消极心态时，要正确认识困境。切勿夸张，使其看来愈加显得困难。而且，要设法发掘积极的想法，并将它具体说出来。

每个人都难免会产生烦恼、悲哀、内疚、失望等情绪。面临失败，有人会不断地提醒自己是个失败者，从而在战战兢兢中等待下一次失败，而失败也常常如约再次降临到这些人身上。所以失败有时也是自找的，在真正的失败到来前，他们已经在心中对自己的能力发生了怀疑，放弃了努力，坐等失败的来临。成功人士也有失败的时候，但是面临失败他们会把失败当作特例，他们会对自己说："这不像是我干的，我会干得更好"；他们会从失败中找到积极的一面，如"留得青山在，不怕没柴烧"；他们会通过积极的行动来弥补过失，转移自己的消极情绪。

第五，进行积极的自我暗示。每天都大声地对自己说诸如"谁也无法抵挡我的成功"、"我是最棒的"、"从不认输"、"我是独一无二的"这样的鼓励自己的话。这种语言的暗示往往能给予自己无穷的力量，也是治疗自卑感最有效的良方。

第六，提醒自己自信不是刚愎自用，不是固执己见。

拥有自信心固然可贵，但切不可因过于相信自己而变得固执。如果说自信是促进人成功的一把钥匙，那么固执则是妨碍人成功的阻力。

固执的人往往自以为是，听不进别人的意见，只想让别人接受自己的观点。同时，会有一种盲目的自我崇拜心理，以为自己处处都比别人高明，自觉不自觉地把自己凌驾于他人之上。

固执之人，也就不能客观公正地去评价别人，从而赢得别人的理解和信任；也由于总是把自己的观点强加于人，势必会造成别人的心理反感，从而使交往在无形中产生一种心理对抗。刚愎自用者，往往爱走极端，死不回头，还自以为意志坚定、态度坚决。这种盲目心理能让人付出惨重的代价。有时候，这种的人总是傲慢地拒绝承认自己的失败，他们往往喜欢选择最艰难的任务，而采取与别人预计相反的行动，以此炫耀自己。

俗话说："听人劝，得一半。"意思是多多地听取别人的意见，就能减少自己的失误，事业有成。任何人都不可能做到全知全解。孔子说："三人行，必有我师焉。"他人的意见，对自己的认识会是一个重要的补充或修正，只要尽量听取别人的意见，就不会走上歧途，或不会在歧途上越走越远。因为当事者迷，旁观者清，自己不知道，但别人会提醒他：你的目标错了，会导致错误的结果。

一方面，要自己提醒自己避免性格固执，另一方面要善于听取他人意见。人生是一盘棋，局部得失对全局并无决定性的影响，关键在于能否把握大势、俯视全局，反败为胜。面对人生，只要我们心中充满自信，就有勇气寻找到真正属于自己的快乐，找到有意义的人生，就有力量走向辉煌灿烂的明天。生活到处充满着美丽的奇迹，只要我们挺起胸膛就会感到一切如意。

第二节　乐观

我们曾经为欢乐而斗争，我们将要为欢乐而死。因此，悲哀永远不要同我们的名字连在一起。(伏契克)

今天你保持乐观的态度了吗？如果是，那么你离成功就近了一步；如果不是，那么你又被生活折磨了一次。当你偶尔对人生失望，对自己过分关心的时候，在你沮丧并悄悄的怨几句老天爷的时候，想一想自己已经拥有的一切。

一

在生活中，有许多人经不起困难的折磨，总以为自己的能力不够，或者没有什么强项可言。因此，常常心灰意冷，毫无进取的斗志，在悲观的境地中无法自拔。然而，一个身处逆境却依旧能含着笑的人，要比一旦陷入困境就立即崩溃的人，获益更多。身处逆境仍乐观的人，才具有获得成功的潜质。有好多人往往一经历逆境，就立刻会感到沮丧，因此达不到他们的目的。

谢坤山小时候由于家境贫寒，没钱供他读书，所以很早就辍学了。不过，生活贫困也使他早熟，很小就懂得父母的劳苦与艰辛。因而从12岁起，他就到工地上打工，用他那稚嫩的肩膀支撑着这个家。然而命运偏不垂青这个懂事的孩子，总将灾难一次次降临到他的头上：16岁那年，他因误触高压电，失去了双臂和一条腿；23岁，一场意外事故，又使他失去了一只眼睛；随后，心爱的女友也悄然离他而去……

面对人生接踵而来的打击，谢坤山并不抱怨，也没有因此沉沦。为了不拖累可怜的父母，为了不拖垮这个特困的家庭，他毅然选择了流浪，带着一身残疾上路，独自一人，与命运展开博弈。

在流浪的日子里，谢坤山一边忙于打工，挣钱糊口；一边忙于公益，救助社会。后来，他渐渐迷上了绘画，他想重新给自己灰色的人生着色。

起初，谢坤山对绘画一无所知，他就去艺术学校旁听，学习绘画技巧。没有手，他就用嘴作画，先用牙齿咬住画笔，再用舌头搅动，嘴角时常渗出鲜血。少条腿，他就"金鸡独立"作画，通常一站就是几个小时。他尤爱在风雨中作画，捕捉那乌云密布、寒风吹袭的感觉……就在他人生最困难的时候，一个名叫也真的漂亮女孩，不顾父母的强烈反对，依然走进了他的生活。

有了一个支点，从此谢坤山更加勤奋作画，到处举办画展，作品也不断地在绘画大赛中获奖。苦心人，天不负。后来，他终于赢得了爱情，有了一个幸福美满的家，还赢得了事业，成为台湾有名的画家，同时也赢得了社会的尊重。他的传奇故事，在台湾早已家喻户晓，成为无数青年的楷模。

当面对坎坷和挫折的时候，有的人会振奋精神和奋力拼搏，他们把坎坷当作攀登高峰的阶梯，把挫折作为创造辉煌的伴曲，也正因为这样，所以他们的人生之书是得意之作。然而也有一些人，或怨天尤人，牢骚满腹；或一蹶不振，精神萎靡；有的甚至因此而轻生，想告别生命。如果和那些残疾人相比，这些人无疑是生活的弱者。在他们的人生之书中，平淡无味，缺乏绚丽的七彩阳光。

一个人不应该做情绪的奴隶，一切行动都受制于自己的情绪，人应该反过来控制自己的情绪。无论你周围的境况怎样的不利，你都应当努力去支配你的环境，把自己从黑暗中拯救出来。当一个人有勇气从黑暗中抬起头来，面向光明大道走去后，后面便不会有阴影了。

有一个年轻人名叫山姆，他在一家工厂专门做卸螺丝钉的工作。他觉得很乏味，本想停止不做，又怕找不到别的工作，沉溺了一段日子之后，忽然，他想到了一个使自己快乐的方法，为何不在工作中和旁边操纵机器的工人比赛速度呢？接下来他把这个想法付诸了行动，在工厂里，有个工人负责磨平螺丝钉头，另一个负责修平螺丝钉的直径大小，他们就比赛看谁完成的螺丝钉多。有个监工对山姆快速的工作留下了印象，没多久便提升他到另一部门，而且这只是一连串升迁的开始。30年后，山姆成了波文机器制造厂的厂长。

回过头来想一想，假如山姆当初没有改变悲观的心境，也许30

年后的他仍是一个普通工人，然而，30年后他却成了波文机器制造厂的厂长。山姆事业上的转折就在于他改变了心境，始终保持着乐观的态度对待事业。

一个快乐的心灵里，隐藏的是怎样的财富！喜悦的天性是如何享用不尽的遗产！它能到处投射阳光，消散阴影，放松满载悲哀的心，又常常输送喜乐给绝望的人。并且，倘若这遗产和卓绝的态度能与优美的人格巧妙地配合起来，那么，一切的金钱权势就显得逊色！

人类成功最大的敌人，便是以悲观的心情来看待自己及自己周围的一切。其实，生命中的一切事情，全靠我们对自己有信心，全靠我们对自己有一个乐观的态度。惟有如此，才能成功。

不可否认，成功与机遇总是伴随乐观积极的人，失败总是伴随那些消极悲观的人，只要你敢于正视未来，敢于对"不可能"说不，你一定能成功。

有两家人开车出去旅游。不幸的事发生了，由于碰上了泥石流滑坡，两辆车都被压在了树木泥土下。其中一辆车的车主是个男士，他看着窗外黑糊糊的堆积物，神经质地喃喃自语："完了，完了。"他完全丧失了求生的勇气，外面堆积了几吨的泥土、植物，从他的常识来说，凭自己的力量根本无法逃生，而车祸发生地点位于人烟稀少的山区，想等待外援也是几十个小时后的事了，那时早已窒息而亡了。可以看出，这个男士一眨眼间就想到了所有的困难，而且立即被常识压倒，陷入了消极的自暴自弃情绪中了。

但这时，另一辆车的车主虽是一个妇女，但她看见两个孩子的脸越来越红时，她明白了那是缺氧的前兆。她并不想太多的事，立即摇下后座的窗，开始用手挖出通路。历经两个多小时，她终于十指鲜血淋漓地将自己与两个孩子救了出来。她立刻向林区管理站求救。

两个小时后，已经严重休克的男士也被救了出来。

当生命从手边溜走时，悲观者把自己封锁在一个自闭的精神境界中等死，而乐观者却不肯放弃任何一丝求生的机会，终于从死神手里夺回了四条人命。这就是心态的作用，一念之间可以判生死、定成败。

二

乐观的人不放弃，乐观的人不会失去信心，乐观还能相互感染，乐观的人能走出困境。

在乐观的氛围中，一切都欣欣向荣，并且会比在一个丧气、阴郁的环境中，能做出更多与更好的工作成绩。没有任何一个人，可以一方面说着消极话，一方面又能奋发向上的。

有时候，由于一个愤恨不快的人出现，使整个家庭都沾染上那样的气氛，所有的平和安详就此瓦解。一个落落寡欢的人，常和他所处的环境无法相处，他本身毫无快乐可言，还得尽其所能，去阻止他人争取快乐。

在社会上，绝没有郁郁不乐者、忧愁不堪者或陷于绝望者的地位。如果一个人在他人面前总是表现出郁郁不乐，就没有人愿意同他在一起，人们都要远而避之。

人类的天性就喜欢与和谐乐观的人相处，当人们看那些忧郁愁闷的人，正如同看一幅糟糕的图画一样。

一个聪明能干的年轻人自创了一番事业，但他有一种不好的习惯，就是喜欢和人谈论他自己事业的不好，整天活在悲观之中，只要有人问起他的事业状况时，他就说："糟糕得很，没有生意上门，什么都没得做，仅能马虎度日；没有钱赚，我经营这种生意是我极大的错误；如果光是领薪水生活，我应该可以过得很好。"

久而久之，此人养成了悲观的习惯，就算营业状况很好，但他也发散出使人丧气的气息，说出使人丧气的话，使人觉得疲乏与厌烦，以为这样有希望与可塑性的青年，竟会这样绝灭自己的前途，压抑自己的雄心壮志。这样的习惯对一个雇主而言，更是十分的不幸，它会传染、摧毁员工们对他与事业的信仰。所以，人们都不喜欢他，不愿替他工作，他的事业开始走下坡路。事实上，他越悲观，事业越差；事业越差，他也越悲观，最终陷入了恶性循环。

倘若你肯先给人们带来一个好的心境，那么，你必将会成为一个备受欢迎的人。

她是个文静的女孩儿，最大的理想就是有一个属于自己的大房子。可以在里面呼呼大睡，而不用担心妈妈揪着耳朵叫自己上学。她总幻想自己的人生能平平稳稳，过着衣食无忧，平淡快乐的生活。

然而，现实总是很轻易地将每个人美丽温暖的梦击碎。上了大学之后，不仅过上希望的生活，而且她还陷入了抑郁的情绪里。冗长的课程、迷茫的未来、枯燥的社交活动，都让她感到压抑。内向的她渐渐明白了，要想实现自己的理想，就必须在生活中努力奋斗，出人头地。于是，她开始拼命地学习功课，把大部分的时间都放在了学业上。她努力参加各种校园内外的活动，很用心地想融入别人的圈子里，但是似乎别人总是排斥她。

渐渐地，她发现自己无论怎样努力，功课永远都不是最好的，与此同时，内向的自己也在社交中显得木讷，不善表达。她失望地发现原来自己真的不是特别出色，平凡的自己似乎毫无成功的资本。平庸的生活带来了无穷的苦闷与忧郁，对于她，没有关注、没有鲜花、没有掌声，她找不到自己存在的价值，甚至不被接受。有很长一段时间，她心甘情愿地随波逐流，她觉得自己这样的人很难和成功沾上边儿了，渐渐死了心。

既然没办法在人群中崭露头角，她反倒不再那么焦躁了。那段时间里，默默无闻的她体验过了焦虑、压抑、苦闷的种种情绪，也学会了和这些负面情绪和平共处。每个平凡的生命，都要经历这种苦闷的压力，想到这些，她反而变得淡然许多。

既然现实无法改变，她便尝试着改变心情，努力在苦闷中学会快乐，在平庸中发现惊喜。渐渐地，她发现其实身边有很多好玩有趣的人和事情。尤其是很多人的搞怪表情和乐观的心态，深深触动了她的心灵。她开始尝试着将这些人的表情和有趣的生活状态糅合到一起，创作出自己娱乐的卡通图片。

让她没想到的是，这些卡通图片竟然引起了身边人的注意，并且大受欢迎。同学朋友们纷纷转载她的图片，在极短的时间里，她设计的那只可爱搞怪、表情丰富的小兔子迅速蹿红网络，成了网虫们最喜欢的表情人物，下载量不断创造纪录。

这个创造了"兔斯基"系列图片的小女孩儿叫王卯卯，是北京一所高校动画系沉默寡言的小姑娘。

在生命中不被认可的时候，你该怎么面对？王卯卯说："那种苦闷压抑的生活让我喘不过气来，如果我不是在苦闷中学会让自己愉快起来，我早被自己的压抑压垮了，根本就谈不上成功了！"

面对生活你不能不对自己负责。谁不曾为未来迷茫？谁不曾为平凡焦虑？谁不曾为平庸而心烦气躁？谁不曾为孤独而悲伤？然而，你该知道，乐观是一道阳光，往往能穿透密布的阴云，让你的前方豁然开朗。一个人如果心态积极，乐观地面对人生，面对再大的困难，他也会相信事情还会有转机，那他就成功了一半。

三

乐观是一剂良药，能医治我们的伤痛与苦闷。那么，我们该如何培养乐观的心态呢？

第一，培养坚强的意志，学会笑对人生。

笑对人生是一种境界。在人的一生中，像剥夺人的快乐而使人陷入忧思、痛苦、痛心的事情实在是太多太多了，比如说在学习上的不顺心，或者是因为自己工作得不到肯定，或者是因为朋友对自己的不理解、不支持，或小人谗言、陷己于不利之中。诸如此类事，确实都可以让人平添许多忧愁。除此之外，还有其他诸如生离死别之事，更是人生中的莫大忧伤。

可是，最重要的是，让你不快乐的终究还是你自己。

世上没有过不了的坎，更没有不到头的难，只要胸怀宽广。笑对困难，谁说不能苦尽甘来？

笑对人生，其实便是博爱，是对世界万物的关爱，是胸怀坦荡，是坚韧自强。行至水穷处，坐看云起时。笑对人生，是物我两忘，是淡泊人生。只要能笑对人生，还有什么痛苦无法承受？

笑对人生不是肤浅地指面对困难或挫折只要笑一笑，困难和挫折便会为你自动让道，而是指在追求目标的过程中，当你面对挫折时，要凭着锲而不舍的精神，借着积极乐观的态度去克服、战胜它。简而言之，人要活着，并且还要顽强地活着。

正如世界文坛巨匠巴尔扎克所说："胜利和眼泪，这就是人生"。考试的失败，并不意味着下次考试的失败，也不意味着未来失去了色彩，只要重新站起来，还有什么是无法战胜的呢？

约瑟夫·艾迪逊说："在人生的旅途中，真正的幸事往往以苦痛、丧失和失望的面目出现；只要我们有耐心，就能看到柳暗花明。"既然活在这世上，就尽量地笑吧，让你的笑容成为一道永远的风景线。

第二，永远不要失去希望。不断地给自己找到一个新目标让自己有事做，有所期盼。

19世纪，美国有一个年轻人满怀抱负，想身体力行改变美国教育界现状。他发愤读书，在耶鲁大学毕业后，如愿以偿成了教师。他的课讲得生动无比。他对学生从不苛刻，用精神力量去感化他们。这在当时保守的教育界看来，是一件无法容忍的事。很快，他满怀遗憾地离开教师岗位当了律师，准备为维护法律的公正而奋斗。可正是这一美好愿望，最终毁掉了他的律师事业。他常常因为当事人是坏人而推掉送上门的生意，白白把优厚的酬金让给了别人。但如果是好人受到不公正待遇，他又不计报酬地为之奔忙。因为违反了当时美国律师界的"谁有钱就为谁服务"的行规，他不断受到排挤，最后不得不离开。

此后，他经商。可是，他的善良与忍让使他根本看不到竞争的残酷，总是在谈判中把利益让给对方，而自己吃亏上当。

即使这样，他又为自己找到一个新的工作：他当了牧师，企图在精神上把人们引向生命的正途。然而，他又因为支持禁酒和反对奴隶制得罪许多人，被迫辞职。此时的他已是白发苍苍的老者。

他一直以一颗忧国忧民之心，兢兢业业努力着，现实却像一柄巨大的铁锤，无情地把他的梦想一个个敲碎。

一个圣诞节前夜，天上飘着大雪。他孤独地站在路边，看着邻居的孩子们乘着雪橇飞驰而过，不禁感慨万千，连身上积了厚厚的雪都没有察觉。孩子们玩够了回来，看见他的样子，便说："老爷爷，你现在真像圣诞老人。不知您给我们准备了什么礼物？"他霍然惊醒，面对孩子们通红的脸，心中忽然有一股情愫涌动。他忙跑回屋，飞快写了一首歌，教给那些孩子。孩子们在欢快歌声中，乘着雪橇消失在风雪之中。

他81岁去世。纵观他一生，失败一个接着一个，没有惊人的事迹，没有大的贡献。但是，他的名字却为全世界人熟知。因为在那个风雪弥漫的圣诞前夜，他为孩子们写下的歌："冲破大风雪，我们坐在雪橇上，快奔驰过田野，我们欢笑又歌唱。马儿铃声响叮当，令人心情多欢畅……"这首歌被世人广为传唱，成为圣诞节不可缺少的旋律。

这首歌叫《铃儿响叮当》，他的名字叫皮尔彭特。

在伤痕累累的平凡一生中，面对心灵的煎熬，他从未放弃过心中的美好希望，依然能写出《铃儿响叮当》这般优美快乐的歌！他的事迹、他的歌曲，穿越漫漫时空，依然洗涤着我们的灵魂，震撼着我们的心。

人生的路上，当你觉得自己陷入困境的时候，想一想《铃儿响叮当》的故事。伴随着欢快的节奏，在明快的心境中开拓未来吧。凡有蓝天处，必有阳光！

第三节　进取

在大多数情况下，进步来自进取心。（塞内加）

保持一颗进取心吧，它是你进步的动力和源泉！没有动力的火车如何能前行呢？

一

生活中不可能没有失败和挫折，但问题是，有的人一旦遇到失败和挫折，就会丧失意志和勇气，被失败和挫折击退；而有的人则能从失败中汲取教训，获得经验，并化为一种前进的动力。

人的生命是美丽的，人生的美丽有着其更丰富、更深刻的内涵，那就是一个人内在的进取心，这是能使一个人的生命获得永恒之美的根本。

进取心是成功的起点，也是最重要的心理资源。目光高远，时刻想着提高和进步是成功者最重要的习惯。有了进取心，我们才能充分挖掘自己的潜能，实现人生的价值，充分享受人生的甘美；我们才能扼住命运的喉咙，把挫折当作音符谱写出人生的激情之歌；我们才能在生命中时刻充满青春的激情和朝气。

进取心，是驱使一个人在不被吩咐该做什么事情之前即主动去做应做的事，它可以激发人抗争命运的力量，是取得成功和创造卓越的动力。

进取心可以使人的感情变得丰富。由于不断更新的知识，会使人容纳更多的东西，视野更为开阔、心胸更为宽敞。

进取心塑造了一个人的灵魂。我们每个人所能达到的人生高度，无不始于一种内心的状态。当我们渴望有所成就的时候，才会冲破限制我们的种种束缚。如果一头牛不想喝水，你无法按下它的头。而如果是一个不想进步的人，即使拿鞭子抽他，他也不会前进一步。

1944年4月7日，德国萨克森州的一个贫民家庭，一个男孩出生了，家人给他起名叫格哈·施罗德。

施罗德出生后的第三天，父亲就战死在遥远的罗马尼亚。母亲当清洁工，带着他们姐弟二人，一家三口相依为命。生活的艰难使母亲欠下许多债务。一天，债主逼上门来，母子抱头痛哭。年幼的施罗德拍着母亲的肩膀安慰她说："别伤心，妈妈，总有一天我会开着奔驰车来接你的！"1950年，施罗德上学了。因交不起学费，初中毕业他就到一家零售店当了学徒。贫穷带来的是别人轻视的眼光，这些使他立志要改变自己的人生，他发誓："我一定要从这里走出去。"

施罗德想寻找机会学习。1962年，他辞去了店员之职，到一家夜校学习。他一边学习，一边到建筑工地当清洁工。不仅收入有所增加，而且圆了他的上学梦。四年夜校结业后，1966年他进入了哥廷根大学夜校学习法律，圆了他上大学的梦，并靠暑假打工来挣自己的生活费。

回顾自己这段经历，施罗德说，每个人都要通过自己的勤奋努力，而不是通过父母的金钱来使自己接受教育。这对个人的成长至关重要。毕业之后，施罗德当了律师。32岁时，他当上了汉诺威霍尔律师事务所的合伙人。通过对法律的研究，他对政治产生了兴趣。他积极参加政党的集会，最终加入了社会民主党。此后，他崭露头角、步步提升。1978年，施罗德成为社民党的青年组织——青年社会主义者的联合会主席。

1980年，施罗德作为社民党下萨克森州首府汉诺威选区的代表，当选德国联邦议院议员，作为一名年轻的议员，他没有穿传统的西装领带而穿便装出席在议会上。1984年，他担任社民党下萨克森州主席。这一年，他实现了40年前对母亲的诺言。施罗德开着奔驰车，把母亲接到一家大饭店，为老人家庆祝80岁生日。年迈的母亲感动得一度说不出话来。此后，施罗德逐渐成为社民党重要领导人。1990年，社民党在下萨克森州竞选获胜，施罗德担任州总理，并直到1998年3月，三次连续获得该州选举的胜利。1998年，施罗德领导的红与绿联盟在大选中获胜，成功当选德国联邦总理。在2002年举行的选举中，联盟再次胜利，施罗德赢得又一个四年的总理任期。

进取心，是成功的金钥匙。"学习如逆水行舟，不进则退"。人生也一样。一旦停下脚步，失去进取心，就意味着人生的失败。

生活中，一个人在学习上的进取心，决定了他的学习目标。强烈追求提高自身价值，不断充实自己，吸收新的知识，拓展自己的视野，尽量保持不与时代同步，在不断进步的同时，不断地提升进取心。进取心是使个体具有目标指向性和适度活力的内部能源，认真而持久的努力是个体事业成功的前提，而具有进取特质的个体也就具有了成功的心理基石。责任心强的人常能够审时度势选择适度的目标，并持久地、自信地追求这个目标。进取心是成功者的发动机，是成功的阶梯和要素，是搭建在平凡和杰出之间的一座桥梁，是能够获得打开成功之门的密匙。

马克思有一句名言："如果我们选择了最能为人类福利而劳动的职业，我们就不会为它的重负所压倒。"正是因为马克思对社会进步和人类解放具有强烈的进取心，所以把毕生精力奉献给人类最美好、最壮丽的事业。当他生活一贫如洗的时候，当他受到反动势力迫害的时候，当他病魔缠身的时候，都没有退缩，为了人类崇高的事业生命不息、奋斗不止。

二

进取精神，还体现在不屈不挠的意志。由于决定人生胜负的因素多种多样，其中许多因素不可预测和控制，因此世上从来没有常胜将军，遭遇挫折在所难免。多算，可以多胜，但不能必胜、全胜。智者千虑，必有一失。这是规律。甚至屡战无功，这也并不足奇。有时失败正是胜利的转机，咬着牙坚持下去，胜利的曙光就会出现。这样的事屡见不鲜。如果一蹶不振，事业便从此终止。所以贝多芬说卓越的人一大优点是："在不利与艰难的遭遇里百折不挠。"人生的最后胜利者都有前仆后继，失败了再战的毅力。进取，必须面对失败；进取，必须战胜失败！

人类如果没有进取心，社会就会永远停留在一个水平上，正如鲁迅先生所说，"不满是向上的车轮"。社会之所以能够不断发展进步，一个重要的推动力量，就是我们拥有"向上的车轮"，即我们常说的进取之心。"志当存高远"，人总是需要有进取心的，一个人如果没有进取心，就会终生碌碌无为。

进取心是人类智慧的源泉，它就好像从一个人的灵魂里高竖在这个世界上的天线，通过它可以不断地接收和了解来自各方面的信息。它是威力最强大的引擎，是决定我们成就的标杆，是生命的活力之源。因此，我们要不断培养自己的进取心，有了进取之心，我们生命的航船在未来的岁月里就能乘长风破万里浪。

要想拥有强烈的进取心，必须树立远大的目标，无论是学习上还是人生中，这个目标可以是终极目标，也可以是可以达到的一段时间的目标。

一个秋高气爽的夜晚，星空非常晴朗。古希腊哲学家泰勒斯缓缓地行走在小路上。他不时地抬起头观察着天空，却没有注意到前方的脚下有个深坑。终于，他一脚踩空，如同麻袋一般地掉了下去。等到他明白过来，身体已经浸泡在了水中。虽然坑里的水只没过胸部，但是离地面却有两三米的高度，泰勒斯在坑中出不来、上不去，只有使足力气高喊救命。

经过此地的路人把泰勒斯救了出来，泰勒斯抚摸着伤痛的身体对这个路人说："明天肯定会下雨。"这个人认为泰勒斯肯定是摔傻了，笑着摇摇头走开了。回家后，这个人更把泰勒斯的预言当成是笑料说给别人听。

第二天果真下雨了，人们开始惊叹泰勒斯气象学知识的丰富。但是，有些人却对此不以为然，他们嘲讽地说："泰勒斯只知道天上的事情，却看不到脚下的东西。"泰勒斯对于这些人的嘲讽只付之一笑，没有做任何辩驳。

两千年后，德国的哲学家黑格尔听说了泰勒斯的这个故事。他满怀感慨地说："只有那些永远躺在坑里从不仰望高空的人，才不会掉进坑里！"

目标越远大，前方遇到的挫折就越多，经受的历练也就越多。而嘲讽别人因为进取而自讨苦吃的人，只能说明他的目光短浅，这种小人物是永远不会理解鸿鹄之志的。这就是目标大小的差异，目标远大的人，从不会满足脚下，他的进取心永远向着天空。

一个人要想成就一番大事业，就要有坚持下去的决心，遇到困难怀揣一份进取心，那么就必定会取得成功。人的进取心，配上不屈不挠的精神和健康的身体，就能创造奇迹。

第四节 谦虚

当我们大为谦卑的时候，便是我们最近于伟大的时候。（泰戈尔）

不要为你一次优异的考试成绩而沾沾自喜，也不要为你取得的一点成就而骄傲自满。事实证明，只有懂得谦虚的人，才能从一个进步走向另一个进步，从一个成功走向另一个成功。

一

林语堂曾经说过："人生在世，幼时认为什么都不懂，大学时以为什么都懂，毕业后才知道什么都不懂，中年又以为什么都懂，到晚年才觉悟一切都不懂。"

相传在很远的古代，知了是不会飞的。一天，它看见一只大雁在空中自由自在地飞翔，十分美慕。它就请大雁教它学飞。大雁高兴地答应了。

学飞是一件很辛苦的事。知了怕吃苦，一会儿东张西望，一会儿跑东窜西，学得很不认真。大雁给它讲怎样飞，它听了几句，就不耐烦地说：知了！知了！大雁让它多试着飞一飞，它只飞了几次，就自满地嚷道：知了！知了！秋天到了，大雁要到南方去了。知了很想跟大雁一起展翅高飞，可是，它扑腾着翅膀，怎么也飞不高。

这时候，知了望着大雁在万里长空飞翔，十分懊悔自己当初太自满，没有努力练习。可是，已经晚了，它只好叹息道：迟了！迟了！

在我们周围，有多少这样的"知了"，就有多少这样的"迟了"。自满使我们目光短浅，安于现状；懈怠使我们故步自封，坐失良机。

任何人都有自己的缺陷，自己相对较弱的地方。也许你在某个行业已经满腹经纶，也许你已经具备了丰富的技能，但是你懂得永远都不会足够多。昨天正确的东西，今天不见得正确；上一次成功的路径和方法，可能会成为这一次失败的原因。永远都不能满足。

你需要用谦虚的心态重新去整理自己的智慧，不断地重新认识自我，否定自我，去吸收现在的、别人的、正确的、优秀的东西。

1882 年，在白炽灯彻底获得市场认可后，爱迪生的电气公司开始建立电力网，输送直流电，由此开启了人类史上的电力时代。

当时，交流电技术开始崭露头角。发展交流电技术的威斯汀豪斯公司，想通过这项技术与爱迪生合作，受限于自大的心态和自己在直流电方面的投资利益，爱迪生不愿意承认交流电的价值。

威斯汀豪斯公司的提议，被爱迪生拒绝。为了固守住自己在直流电方面取得的成就，爱迪生固执地站在交流电的对立面，以自己的影响力宣讲"交流电不如直流电"。自谋出路的威斯汀豪斯公司一度被爱迪生电气公司压得抬不起头。

然而，谁也无法逆转世界的必然规律，交流电这个新生事物终以锐不可当之势浮出水面，赢得了世人的认可。人们惊讶地发现：爱迪生做错了！交流电的确比直流电强得多。

爱迪生电气公司的员工和股东们以此为耻，他们一致决定将公司名字中的"爱迪生"三个字去掉。在后来的发展中，这家电气公司逐渐演变为今天的国际顶级企业之一——通用电气公司。

因为骄傲自满，因为没有一个谦虚的心态，辉煌一生的爱迪生也犯了愚蠢的错误。

二

谦虚是一种处世的态度。

现在这个社会，变幻莫测，错综复杂。因此，在漫长的人生跋涉中，必须学会谦虚。而学会低头就是一种谦虚。学会低头并不是妄自菲薄与自卑，而是在陷入泥潭时，知道及时爬起来，远远地离开那个泥潭；只有笨蛋才会在狼狈不堪的时候，对自己的鞋子说："我们是出淤泥而不染的。"学会低头，是上错了公交车，不为了那投进去的一块钱而可惜，而应赶紧下车换上另一辆车子。

在我们的现实生活中，想想自己是否应该低头？自己是否在需要低头的时候低头了？其实，学会低头并不难。要知道，当自己摸到一把烂牌时，不要再希望自己还是一个赢家；只有傻子才在手气不好的时候，对自己手上的一把烂牌说只要自己不认输就一定会取得胜利。

在生活中，我们常用"毫不示弱"来形容一个人的勇敢，但时时处处不示弱的人却常常难成为最终的成功者。倒是有些人，凡事忍让，不逞能，不占先，心境平和宽容，做事持之以恒，这种人跑得不快，但能坚持到终点。

陶工把一个陶罐摆在了门口的石头上。

陶罐认为自己这样的精品，竟然被随便地放在了石头上。便责怪主人把自己放错了地方，心里很是不甘心，整天唉声叹气地抱怨说："我这么漂亮，这么精致，为什么不把我放到皇宫里作为收藏品呢？即使摆放到商店展出，也比呆在这儿强啊！"

陶罐底下的石头听了忍不住劝它说："这儿不是也挺好吗？我比你待的时间还久呢。"陶罐听了，忍不住讥讽石头说："你这块垫脚石，你算什么东西？有什么资格说我？你有我这么漂亮的图案么？和你在一起我真感到羞耻。"

石头争辩说："我确实不如你漂亮好看，我生来就是做垫脚石的，我也甘心做垫脚石，但在完成本职任务方面，我不见得比你差。"

"住嘴！"陶罐愤怒地说，"你怎么敢和我相提并论！你等着吧，要不了多久，我就会被送到皇宫成为收藏品……"它越说越激动，不提防摇晃了一下，"哗啦"掉在地上，摔成了一堆碎片。

一年一年过去了，世界发生了许多事情，一个又一个王朝覆灭了，陶工的房子早已倒塌了，石块和那堆陶罐碎片被遗落在荒凉的场地上。历史在它们的上面积满了渣滓和尘土，一个世纪连着一个世纪。

许多年以后的一天，人们来到这里，掘开厚厚的堆积物，发现了那块石头。

人们把石块上的泥土刷掉，露出了晶莹的颜色。"啊，这块石头可是一块价值连城的宝玉呢！"一个人惊讶地说。

"谢谢你们！"石块头奋地说，"我的朋友陶罐碎片就在我的旁边，请你们把它也发掘出来吧，它们一定闷得够受了。"

人们把陶罐碎片捡起来，翻来覆去查看了一番说："这只是一堆普通的陶罐碎片，一点价值也没有。"说完随手就把这些陶罐碎片扔进了垃圾堆。

不可否认的是，绝大多数人都是普通人，我们只需要最大限度地发挥自己的能量，在更大程度上获得社会的承认就够了。要想生活得快乐幸福，我们要做的就是摆正自己的位置，放平自己的心态，低下自己高昂的头颅，千万不要抱着奢望去生活；那样只能让你背负不必要的包袱、压力，甚至因此终生一事无成。

有时候，人就得示弱，说得俗点，也就是该低头时就低头。当然示弱也需要你的智慧和勇气。低头是需要勇气的。

一个年轻人气宇轩昂，昂首挺胸地迈着大步去拜访一位德高望重的老前辈，不料，进门时，他的头狠狠地撞在了门框上，疼得他一边不住地用手揉搓，一边抬起头看着那比他身体矮了一半的门。这时，那个老前辈也正好出来迎接他，看见他的样子，笑笑说："很疼吧？可是，这将是你今天来访问我的最大收获。"年轻人听了，很不解地看着老人。

"一个人要想平安无事地生活在世上，就必须时刻记住：该低头时就低头。这也是我要给你的人生忠告。"老人平静地向年轻人讲着他的智慧。

而这位年轻人，就是被称为美国之父的富兰克林。据说，富兰克林把这次拜访得到的教训看成是一生最大的收获，并把他作为自己的生活准则去严格遵守，因此受益终生。后来，他成了功勋卓著的一代伟人。

人的一生，要历经千门万坎，洞开的大门并不完全适合我们的躯体，有时甚至还有人为的障碍，我们会经常碰壁，或不得不伏地而行。学会低头，该低头时就低头，巧妙地穿过人生荆棘，这不仅是谦虚的另一种表现，是退一步海阔天空的胸怀，更是人生进步的一种策略和智慧，是人生立身处世中不可缺少的风度。

三

满招损，谦受益。对于同学少年，更应该注意：不要轻狂。少年壮志，虚怀若谷，方能胸怀天下。谦虚可以让你最大限度地、最好地接受新的知识，使你的人生不断渐入佳境。它可以让你随时对自己拥有的知识和能力进行反思。谦虚让你拥有更广阔的的成长空间。

那么，中小学生该如何拥有谦虚心态呢？

第一，不断扬弃和否定自我。以坦诚、开阔的胸襟，认真地反思自己，不断扬弃和否定自我，放下自己曾经取得的辉煌成绩。要不断树立新的目标，不断挑战自我，让自己学会随需应变，以应对时代和环境的变化。沉迷于过去的成功，容易迷失自我，也易导致失败。只有把过去的成功当成起点，才能不断的获得成功。

第二，放下心中的包袱。每个人都会遇到生活中的种种问题，可以给予重视，但不能总惦记着它，要适时地放手，让心灵放松放松。

第三，要学会尊重他人。人是不分贵贱、长幼的，都有独立的人格，每个人都喜欢得到他人的肯定。要注意维护对方的尊严，更不能加以侮辱。在和别人交往时，不说张扬的话，不做出格的事。

这是美国一所著名大学期终考试的最后一天。在教学楼的台阶上，一群工程学高年级的学生挤作一团，正在讨论几分钟后就要开始的考试，这群天之骄子的脸上充满了自信与骄傲。这是他们参加毕业典礼和工作之前的最后一次测验了。

一些人在谈论他们现在已经找到的工作；另一些人则谈论他们

将会得到的工作。带着经过 4 年的大学学习所获得的自信，他们感觉自己已经准备好了，并且能够征服整个世界。

他们知道，这场即将到来的测验将会很快结束，因为教授说过，他们可以带他们想带的任何书或笔记。要求只有一个，就是他们不能在测验的时候交头接耳。

他们兴高采烈地冲进教室。教授把试卷分发下去。当学生们注意到只有 5 道评论类型的问题时，脸上的笑容更加生动了。

3 个小时过去了，教授开始收试卷。学生们看起来不再自信了，他们的脸上是一种恐惧的表情。没有一个人说话。教授手里拿着试卷，面对着整个班级。

他俯视着眼前那一张张焦急的面孔，然后问道："完成 5 道题目的有多少人？"没有一只手举起来。"完成 4 道题的有多少？"仍然没有人举手。"3 道题？"学生们开始有些不安，在座位上扭来扭去。"那一道题呢？"

但是整个教室仍然很沉默。

"这正是我期望得到的结果！"教授说，"我只想给你们留下一个深刻的印象，即使你们已经完成了 4 年的工程学习，关于这项科目仍然有很多的东西你们还不知道。这些你们不能回答的问题是与每天的普通生活实践相联系的。"然后他微笑着补充道："你们都会通过这个课程，但是记住即使你们现在已是大学毕业了，你们的学习仍然还只是刚刚开始。"

每个人的人生就好似一个木桶，外表没有任何差别，大小也没有任何区分，然而里面装的东西却相差很多。同样的走过几十年的人生历程，有的人才高八斗、学富五车，有的人万贯家财、富可敌国，有的人却一无所有。原因在于一个人只有保持一种不断追求、虚怀若谷的态度，才能不断地在人生的大木桶里收获有价值的事物。

第五节　立即行动

速则济，缓则不及。(苏轼)

只有付诸行动的人生理想，才有成功的可能，所以，告诫每一个空想者，立即行动吧！

一

一胖一瘦两个盲人，均在街头拉二胡卖艺为生。他们每天辛勤地拉二胡，每年都要因二胡被拉坏而不得不购置一把新二胡。为了节约开支，他们学会了自己购置材料制作二胡。但是其中重要的材料——音膜越来越稀少。那是因为二胡的音膜是用蟒蛇皮制作的，而蟒蛇是国家一类保护动物。

两人都说要用其他什么材料来代替蟒蛇皮。但是胖艺人后来想想，感觉难度颇大，就没有付诸行动。瘦艺人则不然。他寻找了多种替代材料，进行了无数次实验，终于找到了合适的材料，那就是装饮料的塑料瓶子，又经过软化、添加等多项复杂工艺制成。由于眼睛看不见，试验过程中，他的双手被烫伤了无数次。历经3年时间，他终于制成了"环保型"二胡。这种经过特殊处理的塑料音膜的音色足以与蟒蛇皮音膜相媲美，还使得制作二胡的成本降了一半。乐器制造厂商愿出重金购买他这项技术。瘦艺人凭技术入股，成为关键股东，从此结束卖艺生涯，生活水准大幅提高。而当年的同伴胖艺人，至今还在街头辛苦地拉着二胡。

既然想到了，就要努力去做到，这才是走向成功的真谛。计划不去执行，永远只是一张白纸。知道再多的理论，懂得再多的道理，如果不去实践、不去反思，不去把道理内化为自身的一部分，就等于什么也不知道什么也不懂。一张地图，不论多么详尽，比例多么精确，如果你不行动就永远不可能在地面上移动半步。只有行动才能使梦想、计划、目标具有现实意义。

著名画家柯罗是个惜时如金、立即动手的人。有一次，一个青年画家把自己作品拿给柯罗看，希望柯罗能给他一些建议。柯罗看过画之后，指出几处他不太满意的地方。青年画家听了之后对柯罗说："谢谢您的建议，明天我会全部修改的。"

柯罗听后却有些生气了，激动地问他："为什么要明天？你想明天再修改吗？今天的事就应该今天做，不要等到明天再做！"青年画家听后马上对柯罗说："立刻就改。"后来，这位青年也成了一位杰出的画家。事后他常对人说："自己这辈子最感谢的人就是柯罗，正是他的那次生气改变了自己的一生。"

不要把今天的事情留给明天，明天还离得太远。现在就去行动吧！即使行动没有带来成功，但是你依旧会有收获果实般的充实。行动也许不会结出快乐的果实，但是没有行动，所有的果实都无法收获。

人的生命是有限的，每拖延一分钟，我们的生命就少一分钟。同样的一生中，不同人却取得了不同的成就，关键就在于有的人想到立刻就做了，有的人却把时间拖延过去了。

在第二次世界大战中，三巨头之一的丘吉尔可以说是个高效的工作狂，平均每天工作17个小时，还使得他的十位秘书也弄得手忙脚乱。他制定了一种制度，给那些行动迟缓的官员们的手杖上，都贴了一张"即日行动起来"的签条，就是为了要提高政府机构的工作效率。

帕金森定律认为，低效的工作会占满所有的时间。

一位闲来无事的老太太为了给远方的外甥女寄一张明信片，可以足足花上一整天的工夫。找明信片要一个钟头，查地址半个钟头，写信一个钟头零一刻钟，然后，送往邻街的邮筒去投邮究竟要不要带把雨伞出门，这一考虑又花了20分钟。一个效率高的人在3分钟内可以办完的事，另一个人却要操劳整整一天，最后还免不了被折磨得疲惫不堪。这就是伟人与平庸人的差别。

其实人人都有成就大事的决心，只是能迅速付诸行动的人为数不多，很多人的雄心都在时间中消失了。

对于中小学生来说，立刻行动，拒绝拖延习惯的养成对于你的一生都有巨大的意义。

有一穷一富两个和尚，穷和尚对富和尚说："我想去南海朝圣，你认为怎么样？"

富和尚问："你凭什么去呢？"

穷和尚答道："我带一个装水的瓶子和一个盛饭的钵就足够了。"富和尚说道："我这几年来一直想雇一艘船去南海，都还没能实现呢，你凭什么去得了！"

到了第二年，穷和尚从南海回来了，把事情告诉了富和尚，富和尚感到非常惭愧。在富和尚看来很难做到的事情，穷和尚只凭借一瓶一钵就做到了。

原因在于穷和尚把自己的想法付诸了行动，而富和尚还在考虑船的问题。"天下事有难易乎？为之，则难者亦易矣；不为，则易者亦难矣。"天下的事情并没有困难和容易的分别，只在于你是"在想"，还是"去做"。

学习也是如此，就看我们是否能够做到勤奋刻苦。有些人抱怨学习困难，其实只是站在"知识"的大门外，在那里张望，就升起了"畏惧之心"而不敢踏进门里半步。

在现实生活中，至少存在两种类型的人：一是天天沉浸于幻想之中，看不到一点行动痕迹的人；二是善于把想法落实到计划中，成为一个敢于行动的人。你是哪一类人呢？

二

有句话叫"心想事成"，这句话本身没有错，但是很多人只把想法停留在空想的世界中，而不落实到具体的行动中，因此常常是"竹篮子打水一场空"。

当然，也有一些人是想得多干得少，这种人只比那些纯粹的"心动专家"强一些，好一些，但通常他们也很难取得成功。

有句话说得好："一百次心动不如一次行动！"因为行动是一个敢于改变自我、拯救自我的标志，是一个人能力有多大的证明。光心想、光会说，都是虚的，不能看到一点儿实际的东西。美国著名成功学大师杰弗逊说："一次行动足以显示一个人的弱点和优点是什么，能够及时提醒此人找到人生的突破口。"毫无疑问，那些成大事者都是勤于行动和巧妙行动的大师。

在为人处世的道路上，我们需要的是：用行动来证明和兑现曾经心动过的梦想。

也许你早已经为自己的未来勾画了一个美好的蓝图，但是它同时也给你带来烦恼，你感到自己迟迟不能将计划付诸实施，你总是在寻找更好的机会，或者常常对自己说：留着明天再做。这些做法将极大地影响你的做事效率。

因此，一个人要获得成功，必须立刻开始行动。任何一个伟大的计划，如果不去行动，就像只有设计图纸而没有盖起来的房子一样，最终成为一个空中楼阁。

请记住：只要是自己认定的事情，要马上去做，不可优柔寡断。

演讲大师齐格勒告诉人们，世界上牵引力最大的火车头停在铁轨上，为了防滑，只需在它的 8 个驱动轮前塞一块一英寸见方的木板，这个庞然大物就没有办法再动了。然而，一旦这个火车头开始启动，这小小的木块就挡不住它了。当它的时速达到 100 英里时，一堵 5 英尺厚的钢筋混凝土墙也不会是它的对手。

从一块小木板到一堵钢筋混凝土墙，火车头的威力竟有天壤之别！

其中的原因就是：它行动起来了，这就是所谓的行动的力量。实际上，人不也该如此吗？只要你肯付诸行动，许多令人难以想象的障碍都能被你突破，反之，若只知道浮想联翩，只知道说空话，那么你就像停在铁轨上的火车头那样，连一块小小的木块也无法推开，更别说跨越！

三

那么，该如何改变自己拖延或懒惰的习惯，养成立刻行动的习惯呢？

第一，让家长或好朋友时时提醒自己、督促自己。立刻行动的习惯应该从你知道它是好习惯这一刻开始，就严格的执行。但是，人毕竟是有惰性的，这就需要别人的帮助和督促。同时，可以在课桌或书房中贴上立刻行动的便条来提醒自己。

第二，制定详细的学习计划，并且严格按照计划执行。一旦开始，就要一鼓作气完成。

对于一个任务，千万不能半途停下。每天睡觉前反省自己今天的学习情况，是否做到了立刻行动。有哪些事没有做到。如果今天表现的好，可以适当给自己奖励。

第三，拒绝拖延。不要把今天的事情放到明天去做。学会提高时间效率，规划时间。有时候，有的事情不是自己不想做，是没有时间来做。

根据数学中统筹学的原理，许多事件进程同步规划的差异会导致结果的完全不同。以煎煎饼这样一个简单的过程来举例进行分析：

有 3 个饼要煎，可是只有 2 个锅，煎一个饼的第一面要 1 分钟，第二面也是 1 分钟，煎好 1 个饼要 2 分钟，怎样才能把 3 个饼在最短的时间内煎好呢？

甲和乙同时开始煎：甲按照顺序，每个煎饼分别进行，总共用时 6 分钟；而乙却只用 3 分钟便可以完成：第 1 分钟：第一个锅煎第 1 个饼的第一面，第二个锅煎第 2 个饼的第一面。第 2 分钟：第一个锅煎第 1 个饼的第二面，第二个锅煎第 3 个饼的第一面。第 3 分钟：第一个锅煎第 2 个饼的第二面，第二个锅煎第 3 个饼的第二面。这样便节约出 3 分钟的时间。二者的效率高低不言自明。要学会挤时间。

立刻行动，你要牢牢记住，每时每刻，一遍一遍地重复这句话。记住这句话，让它成为你的行动准则。成功就离你不远了！

"坐着说，不如站起来行！"如果你已经发现了自己的目标，有了自己的梦想，那么就从现在开始行动吧，不要再犹豫了！

第六节　顽强坚持

锲而不舍，金石可镂。（荀子）

成功贵在坚持。有恒心、有毅力的人往往能干大事。如果你也想成就一番伟业，就学会坚持吧！

一

心理学家做过一个测试：将一只饥饿的鳄鱼和一些小鱼放在水

族箱的两端，中间用一个透明的玻璃板隔开。

刚开始，鳄鱼毫不犹豫地向小鱼进攻，一次，两次，三次，四次……多次进攻无望后，它不再进攻。

这时，拿开玻璃板，鳄鱼依然不动，它只是无望地看着这些小鱼在它的眼皮底下游来游去，放弃所有的努力，活活饿死了。

看完这个故事，你是不是很想告诉鳄鱼再试一次啊？生存环境在不断发生变化，刚刚不可以不代表现在不可以。只要它再多坚持一次，就不会饿死了。

"行百里者半九十"。人也往往如此。一百里路，走到九十里的时候，坚持不下去了，于是放弃了。

一次又一次与成功失之交臂，我们错过了多少个"差一点就能成功"的机会啊。

有个人，在他的一生中遭受过两次惨痛的意外事故。

第一次不幸发生在他46岁时。一次飞机意外事故，使他身上65%以上的皮肤都被烧坏了。

在16次手术中，他的脸因植皮而变成了一块彩色板。他的手指没有了，双腿特别细小，而且无法行动，只能瘫在轮椅上。

谁能想到，6个月后，他亲自驾驶着飞机飞上了蓝天！

4年后，命运再一次把不幸降临到他的身上，他所驾驶的飞机在起飞时突然摔回跑道，他的12块脊椎骨全部被压得粉碎，腰部以下永远瘫痪。

但他没有把这些灾难当做自己消沉的理由，他说："我瘫痪之前可以做1万种事，现在我只能做9000种，我还可以把注意力和目光放在能做的9000种事上。我的人生遭受过两次重大的挫折，所以，我只能选择不把挫折拿来当成自己放弃努力的借口。"

这位生活的强者，就是米契尔。正因为他永不放弃努力，最终成为了一位百万富翁、公众演说家、企业家，还在政坛上获得一席之地。

这样的人，才是生活的强者。不思进取、害怕失败的人，永远只能滞留原地。

人生中，几乎所有的失败，都起因于人们自己对于所期望的事情的疑惑，正是由于他们没有坚持到底，他们没有再接再厉地去追求成功。就好像爬山一样，接近最高峰时，如果不能坚持最后那点脚劲，再撑那么一下，是不能够到达顶峰的。这就是成功和失败的区别。成功与失败，就看你能否在这一步上坚持到底。只要再加上一点劲，再多出一点力，再往前进一步，不就登上峰顶了吗？

如果你参观过开罗博物馆，你会看到从图坦、卡蒙法老王坟墓挖出的宝藏，令人目不暇接。庞大建筑物的第二层楼大部分放的都是灿烂夺目的宝藏：黄金、珍贵的珠宝、饰品、大理石容器、战车、象牙与黄金棺木，巧夺天工的工艺至今仍无人能及。

可是，如果不是霍华德·卡特决定再多挖一天，这些不可思议的宝藏现在也许仍在地下不见天日。

1922 年的冬天，卡特几乎放弃了可以找到年轻法老王坟墓的希望，他的赞助者即将取消赞助。卡特在自传中写道：

"这将是我们待在山谷中的最后一季，我们已经挖掘了整整六季了，春去秋来毫无所获。我们一鼓作气工作了好几个月却没有发现什么，只有挖掘者才能体会这种彻底的绝望感。我们几乎已经认定自己被打败了，正准备离开山谷到别的地方去碰碰运气。然而，要不是我们最后的一锤努力，我们永远也不会发现这座超出我们梦想所及的宝藏。"

霍华德·卡特最后的努力成了全世界的头条新闻，他发现了近代唯一一个完整出土的法老王坟墓。

　　成功往往需要有一颗持久的心，往往需要坚持。胜利常常需要耐性，或许目的地就在离你不足几米处，而因为一片叶子挡住了你的视线；或许成功就在你的手指尖游动，而因为一双手套扰乱了你的感觉；或许胜利已经敲响你的心门，而因为一对耳机阻塞了你的听力；或许你已经站在成功的门内，而因为迷乱的视线而影响了你的感知。只要你有一颗持久心，那么你就能越过这些障碍，寻找到属于自己的成功！

　　你坐过火车吧？如果只买到了一张站票，你会怎么办呢？就那么一直站着吗？苦累不说，还非常不方便。所有人都想找到一个空座，但是不是所有人都能找到。事实是，只要你一定想要找到，不管车上有多挤，你都一定能够找到一个空的座位。

　　有什么办法呢？办法其实很简单，就是耐心地一节车厢一节车厢找过去。很笨的办法是吧，但很管用。

　　为什么你一定能找到座位呢？首先，不管长途短途，不管车上有多挤，在中途都是要停靠的。在数十次的停靠之中，从火车十几个车门上上下下的流动中，蕴藏着很多提供座位的机遇；其次，在车厢的过道，尤其是车厢的连接处，往往人满为患。大多数乘客轻易就被一两节车厢拥挤的表面现象迷惑了，他们觉得为了一个座位背着行囊挤来挤去太辛苦，不值得。宁愿选择一直站着；最后，最重要的一个原因是，锲而不舍找座位的乘客实在不多。绝大部分人走了两节车厢就不肯再坚持了。背着行李在拥挤的人群中前行确实不容易，于是他们选择放弃。因为前方情况到底怎样没有人知道，他们担心万一找不到座位，回头连个好好站着的地方也没有了。

　　于是，结果就是，坚持找座位的总能找到座位，而另外一些人就只能在上车时最初的落脚之处一直站到下车。

　　两者哪个更辛苦呢？在你的人生中，成功就如同上面的座位，你能找到吗？

想想你平时是怎么做事的。未来的人生之旅，记得不要放弃，志在必得的坚持定会帮你找到属于自己的成功。

二

如果把高尔夫球的凹点比作人生的伤痕，那么，失败、坎坷和挫折这些给人带来伤痕的东西，并不可怕。坚持下去，带给你的不仅仅是成功，它们还会使你更优秀。

女儿向父亲抱怨她的生活，事事都那么艰难。一个问题刚解决，新的问题就又出现了，到处都是问题。她不知该如何应付生活，已经厌倦抗争和奋斗，想要自暴自弃了。

父亲是位厨师，他把她带进厨房。先往三只锅里倒入一些水，然后把它们放在旺火上烧。不久锅里的水烧开了。他往一只锅里放些胡萝卜，第二只锅里放些鸡蛋，最后一只锅里放入碾成粉末状的咖啡豆。他将它们浸入开水中煮，一句话也没有说。

女儿撇撇嘴，不耐烦地等待着，纳闷父亲在做什么。大约20分钟后，他把火关了，把胡萝卜捞出来放入一个碗内，把鸡蛋捞出来放入另一个碗内，然后又把咖啡舀到一个杯子里。做完这些后，他才转过身问女儿："亲爱的，你看见什么了？"

"胡萝卜，鸡蛋，咖啡。"她回答。

父亲让她靠近些并让她用手摸摸胡萝卜。她摸了摸，注意到它们变软了。父亲又让女儿拿一只鸡蛋并打破它。将壳剥掉后，她看到了一只煮熟的鸡蛋。最后，他让她喝了咖啡。品尝到香浓的咖啡，女儿笑了。她疑惑地问道："父亲，这意味着什么？"

他解释说，这三样东西面临同样的逆境—煮沸的开水，但其反应各不相同。

　　胡萝卜入锅之前是强壮的，结实的，毫不示弱，但进入开水之后，它变软了，变弱了；鸡蛋原来是易碎的，它薄薄的外壳保护着蛋液，但是经开水一煮，蛋液变硬了；而粉状咖啡豆则很独特，进入沸水之后，它们反倒改变了水。

　　"哪个是你呢？"他问女儿，"当逆境找上门来时，你该如何反应？你是胡萝卜，是鸡蛋，还是咖啡？"

　　年轻的你呢，你是哪一个？你是看似强硬，但遭遇痛苦和逆境后畏缩了，变软弱了，失去了力量的胡萝卜吗？你是内心可塑、在困境中变得坚强倔犟的鸡蛋吗？你的外壳看起来还和从前一样，但因为有了坚强的性格和内心，而变得强硬了。或者你像咖啡？改变了给它带来痛苦的开水，并在它达到高温时让它散发出最佳的香味。水最烫时，它的味道反倒更好了。

　　生命中，当你觉得不习惯，不适应，不舒服的时候，就是你正在成长的时候。

　　"自古英雄多磨难，从来纨绔少伟男。"你要铭记，生活中正是困境、逆境，让你变得更强大。所以，坚持下去吧，每一步的坚持都意味着你的成长！

　　威廉·怀拉是美国前职业棒球明星，40岁时因体力不济而告别体坛另找出路。他琢磨着，凭自己的知名度去保险公司应聘推销员不会有什么问题。可结果却出乎意料，人事部经理拒绝道："吃保险这碗饭必须笑容可掬，但您做不到，无法录用。"

　　面对冷遇，怀拉没有打退堂鼓，而是决心像当年初涉棒球领域那样从头开始。首先是学会"笑"。由于天天要在客厅里放开声音笑上几百次，邻居产生误解：失业对他刺激太大，他神经出了问题。为了不干扰邻居，他只好把自己关进厕所里练习。

　　过了一个月，怀拉跑去见经理，当场展开笑脸。然而得到的却是冷冰冰的回答:"不行!笑得不够。"

怀拉生来就有一种犟脾气,他回到家里继续苦练起来。一次,他在路上遇见一个熟人,非常自然地笑着打招呼。对方惊叹道:"怀拉先生,一段时日不见,您的变化真大,和以前判若两人了!"

听完熟人的评论,怀拉充满信心地再次去拜见经理,笑得很开心。

"您的笑有点意思了。"经理指出,"然而还不是真正发自内心的那一种。"

怀拉不气馁,再接再厉,最后终于如愿以偿,被保险公司录用。这位昔日的棒球明星严肃冷漠的脸庞上,绽放出的笑容是那样天真无邪,那样讨人喜欢,令顾客无法抗拒。就是靠这张并非天生而是苦练出来的笑脸,怀拉成了全美推销保险的高手,年收入突破百万美元。

坚持,是坚持让怀拉努力下去,坚持让他走向了成功,坚持激发了他的潜能,发现了自己无穷的活力。

孟子说:"天将降大任于是人也,必先苦其心志,劳其筋骨,饿其体肤。"坚持下去,你的价值终究会得到实现。

道格拉斯·麦克阿瑟,美国最高级将领之一,在第二次世界大战期间担任太平洋战区盟军总司令。年轻的时候,他的梦想是进入美国西点军校,毕业后服务于国家。可是两次报考,都没有被录取,在第三次报考时终于如愿以偿。原因就在于他从来没有放弃,他的人生也因此开始步入辉煌。

成功者,绝不是靠"我要成功"之类的口号就能轻易实现目标的。冰心说:"成功之花,人们只惊羡于它现时的明艳,然而当初它的芽儿,浇灌了奋斗的泪泉,洒遍了牺牲的血雨。"成功都是努力、奋斗、坚持的结果,没有人能随随便便成功。

三

歌德说："世上只有两条路能通往成功的目标，并成就伟大的事业，那就是：力量和坚韧。力量并不属于大多数人，它是少数人的特权；然而，即便是最不起眼的小人物，也可以拥有吃苦耐劳的坚韧品质。坚韧从来不负众望，因为它沉默的力量将随着时间的推移一天天壮大，直到所向披靡无以抗拒。"

那么，中小学生如何做到凡事坚持呢？

第一，确信自己的优点并确定自己努力的方向。成功的秘诀在于不变的、正确目的和方向，不要迷惑于眼前的变化，应不断地累积知识、技能和资历，使其成为参与竞争中自己的优势。

第二，不随便地去尝试新的东西。依循一个学习计划彻底行动，直到出现成果为止。

第三，对学习始终充满兴趣。想到学习时，要高兴得不得了。兴趣是最好的老师，带着兴趣去学习，会更具有耐心。

第四，要有韧性，要经常给自己创造小的成功的机会。成功能给人自信，给人一种满足感，使人更有坚持的信心。在遭遇困窘时要坚韧不拔，不失去自我。一般来说，在遭遇接二连三的失败后，坚持的信念便会跟着软弱下来。大人物与小人物的区别就在于是否有下定决心、至死仍不停止的信仰。

在成功的路上，没有哪个人会一步登天。真正使成功者出类拔萃的，是他们心甘情愿地一步接一步往前迈进，无论路途多么崎岖，他们始终都会保持一颗持久心。

不管目标多么高远，当我们被一种坚韧不拔的力量推动时，奇迹往往会发生。在我们不断积累经验，不断磨炼意志的过程中，我们会发现自己竟然拥有了不可思议的力量。而这种力量又可以让我们走得更远。

一位爱尔兰老人对正要上船去找寻梦想的年轻人提了几点忠告："我的孩子，记住三根骨头，你就会一切没事的。"一个过路人问老人三根骨头是什么意思。老人回答说："第一就是胸骨，也叫渴望骨；第二是下巴骨，第三就是脊梁骨呀。渴望骨让你去找寻；下巴骨让你不断问问题，去发现你想要的东西；而脊梁骨嘛，就是让你一直坚持，直到你得到成功才行。"

踏上寻梦之旅的青少年要记住这位老人的忠告。没有比脚更长的路，没有比人更高的山。

一些天赋相差无几的人一起前行，有人选择了放弃，有人选择了坚持，于是人生迥然相异。

既然认准目标，就要持之以恒，刻苦磨砺，方能有所成就。有时候，目标遥遥无期，总也望不到头。如果这时放弃，你以前的努力都将白费，所花的心血都是徒劳；只要再坚持一会儿，眼前就有可能别有洞天，豁然开朗。相信自己，坚持下去，你总能"守得云开见日明"的。当拨开重重迷雾时，你会发现阳光一直在你身边。

第七节　脚踏实地

不登高山，不知天之高也；不临深溪，不知地之厚也。（荀子）

如果说立即行动是成功的开始，那么脚踏实地则是成功的基础。只有每一步都脚踏实地，成功才能实实在在！

一

浮躁，总是幻想，不想有太大的付出但想要很大收获，或者说想让付出和所得是一个比较小的比率，而不肯脚踏实地做事情。这是很多年轻人的通病，不能静下心来做事的结果就是任何事情都做不漂亮。

"凡事都要踏踏实实去做，不驰于空想，不骛于虚声，而唯以求真的态度下踏实的工夫。以此态度求学，则真理可明；以此态度做事，则功业可就。"这是李大钊的话。

1947 年出生于广东惠州的杨钊，幼时生活非常困窘。他 19 岁那年，正值我国进行轰轰烈烈的"文化大革命"，当时的气氛使中国人民感到窒息。在这样的环境下，对于杨钊他们 10 个兄弟姐妹来说，生活更是艰难。一种求生和奋发向前的本能驱使杨钊离开了家乡，孤身到香港寻求发展机会。来到香港后，他没有怨天尤人和自暴自弃，也没有那种徒有壮志而无实际行动的念头。他心底里蕴藏的是脚踏实地的奋斗精神，他知道一切都要从实际出发。

来到香港一个多月后，杨钊四处寻觅工作的机会。踏破铁鞋无觅处，最后他在一位老乡的介绍下，在一家制衣厂找到了一份杂工的工作。在精神和意志驱使下，杨钊在这家工厂当杂工极为卖力，他做出了比本职工作更多、更出色的事。老板对他的行为表示非常赞赏，才来一个月就把他调到了熨衣部工作，他的工资也由每日 6 港元提升到 16 港元。

杨钊把自己的打工生涯视作奠定创业的根基，为此他不仅努力工作，而且还时刻注重学习，不断提高自己的技术本领。一年之后，他又被提升为领班。三年之后，他再一次被老板赏识和重用，当上了经理和厂长，而且还分到了部分股权。

杨钊历经近五年的打工生涯，不仅掌握了制衣的技术，懂得了工厂的管理，而且还摸清了服装的销售渠道。1971 年，他开始了自己的创业生涯，不久挂起了"旭日制衣厂"的牌子，由小本买卖入手，并把生意逐步扩大。

成功不一定是做大事，把一件小事做好，并且持之以恒地做好每一件事，这也是成功的基本要素。如果你想成就一番伟业，在确立你远大的目标之后，就要静下心来，认认真真、脚踏实地地开始你的行程！

患有癫痫的人是不适合做体育运动的。但是派蒂·威尔森的父亲不这样认为。当派蒂对他说："爸，我能不能像你一样每天清晨进行长距离晨跑？"派蒂的父亲在经过短暂犹豫后对派蒂说："可以啊，欢迎你陪着爸爸一起跑。"

派蒂说："可是我有癫痫，中途发作怎么办？"

派蒂的父亲说："不要怕，我知道如何处理，何况它并不会发生。"

派蒂第二天就开始和父亲一起晨跑，幸运的是，派蒂真的没有在运动过程中发生癫痫。

派蒂很快乐。在此之前，医生曾告诉她不能下水，不能打球，不能参加任何具有攻击性和体力消耗大的活动。现在看来，医生的话并不十分正确。

几个星期后，派蒂突然对父亲说："我想打破世界女子长距离跑步世界纪录。"父亲听了，大吃一惊。对于一个没有经过专业训练，又患有癫痫的女孩来说，这无异于痴人说梦。

派蒂看出了父亲的疑虑，她说不是现在，而是等三年后，或者更长的时间。

这三年里，她坚持不懈地锻炼，越跑越好。

三年后，派蒂认为她可以冲击世界纪录了。她为自己订了一个计划，先从自己所居住的橘县跑到旧金山，然后到达俄勒冈州的波特兰，最后向白宫进发，距离约3000公里。

她从自己的家出发，经过整整四个月，从西岸到达东岸，最后到了华盛顿，并接受了总统的召见。她对总统说的第一句话是："我想让其他人知道，癫痫患者与一般人无异，也能过正常的生活。"

努力不一定就成功，但不努力肯定不会成功。我们无法一下子成功，只能一步步走向成功。在实现目标的过程中，不断地自我激励，培养自信心。无论遇到什么样的困难，都不能改变自己的目标航向，而是要不断地提高克服困难的勇气和毅力。

无论在走向前方的过程中遭遇到什么样的不快，你都不要被吓倒，相信你自己可以做到。脚踏实地一步一步走下去，就没有什么到不了的地方。

日本最成功的企业家之一松下幸之助说："我小时候，在学徒的七年当中，在老板的教导之下，不得不勤勉从事学艺，也不知不觉地养成了勤勉的习性，所以他人视为辛苦困难的工作，而我自己却不觉得辛苦，甚至有人认为太辛苦了的工作，在我看来，只不过是认真工作而已，所以我与他人的看法，自然就有差异了。我青年时代，始终一贯地被教导要勤勉努力，此乃人生之一大原则。事实上，在这个社会里，对有勤勉努力习性的人，不太被人称赞是尊贵或者伟大，也不会认为他很有价值，因此，我认为大家应该无所顾忌地提升对具有这种良好习性者的评价，这样才算真正对勤勉习性的价值有所认识。"

成功的道路是用努力铺就的，没有随随便便的成功。人生的目标有高有低，但是所有目标下都悬挂着一环扣着一环的因果链。只要一步一步地攀登，目标一定就能实现。世上没有实现不了的正果，只有未完成的修行。

二

曾有这样一个人，他整天游手好闲、好吃懒做，总梦想着哪一天能投机取巧成为百万富翁。这显然是不可能实现的。

有一天，他在报纸上看到这样一则消息：在南太平洋的一个小岛上生活着一种人，这种人长得和现代人十分相似，唯一不同的是他们只有一只眼睛。看到这则消息后，他激动不已，心想如果能抓到一个这样的人，然后每天带他到街上去展览一番，向参观的人收一定的费用，这样一定会赚到很多钱！"带着这个想法，他就策划着如何才能抓住这种奇特的人。

之后，他一个人划着小船来到这个小岛上。到了小岛上，他看到那里有房屋，有街道，也有商店，还有展览馆，一切和现代社会无异。正如报纸上所报道的那样，这里所有的人都长着一只眼睛。于是他躲藏在暗处，准备趁机抓住一个独眼人，然后带回去，那样他就可以发大财了。可没想到他自己却被岛上的人发现了，那些独眼人看见他，就像看见怪物一样。他们从来没有见过长着两只眼睛的人。他们好奇地把他抓了过来，放在展览馆里供人们观看。展览馆的生意火暴异常，那些人靠这个长着两只眼睛的人发了大财。

事后，这个可怜的懒汉非常后悔自己来到这个小岛上，他本以为自己很聪明，没想到却落到这个地步，早知今日又何必当初呢？没想到自己反倒成了别人的摇钱树！

对于未来，每个人都充满向往，都渴望成功，都羡慕成功者成名之后的辉煌及其周身炫目的光环，可是却往往将他们在通往成功之路上付出的辛劳与汗水忽略了。

踏实是每个人都能做到的。踏实的人是工作中所需要的，也是同学们在学习中应该具有的心态。无论做什么事，都要脚踏实地地去做。要知道，你把时间花在什么地方，你就会在那里看到成绩，只要你的努力是持之以恒的。这是非常简单却又实在的道理。

完成小事是成就大事的第一步。伟大的成就总是跟随在一连串小的成功之后。在事业起步之际，我们会被分派到与自己的能力和经验相称的工作岗位，直到我们向团体证明自己的价值，才能渐渐被委以重任和更多的工作。

今天的学习是为了明天更好地在这个社会上生存，是为以后的成功打下坚实的基础。因此，在学习中，即使遇到非常大的困难与挫折，也应该踏踏实实、认认真真地学下去，找到自己的方法，找到自己的目标。在学习中永远不要心存侥幸和幻想。

何况，同学们的在校读书的时间是有限的，今天不踏踏实实的努力奋斗，等到何时呢？要知道：明日复明日，明日何其多。我生待明日，万事成蹉跎。

有一位企业家对即将毕业的学生们说："比其他事情更重要的是，你们需要踏踏实实地把一件事情做好。与其他有能力做这件事的人相比，如果你能做得更好，那么你就永远不会失业。"

在学习中、生活上，我们要从一点一滴的小事做起，注重积累的作用，将自己的精力聚集起来，抓住当下。踏踏实实的努力吧！随着时间的推移，你们的前方将是希望的太阳！

第二章　人际交往中的积极心态

上一篇介绍了人际交往中的消极心态，本章将介绍人际交往中的积极心态。积极心态不仅有利于你处理人际关系，更使你在人际交往中获益。

第一节　宽容

海纳百川有容乃大，山高万仞无欲则刚。（林则徐）

宽容别人，其实就是宽容我们自己。多一点对别人的宽容，我们生命中就多了一点空间，就多了一些朋友。有朋友的人生路上，才会有关爱和扶持，才不会有寂寞和孤独；有朋友的生活，才会少一点风雨，多一点温暖的阳光。

一

孔子的学生子贡曾问孔子："老师，有没有一个字，可以作为终生奉行的原则呢？"孔子说："那大概就是'恕'吧。"

孔子的"恕"具体内容很复杂，但核心内容就是宽容。

人的一生就是不断自我完善的过程，宽容他人，再给他人一次机会，你将收获更多。

鲍勃·胡佛是个有名的试飞驾驶员，时常表演空中特技。一次，他从圣地亚哥表演完后，准备飞回洛杉矶。根据《飞行作业》杂志的描述，胡佛在100米高的地方时，有两个引擎同时出现故障。幸亏他反应灵敏，控制得当，飞机才得以降落。虽然无人伤亡，但飞机却已面目全非。

胡佛在紧急降落之后，第一个工作是检查飞机用油。不出所料，那架第二次世界大战时的螺旋桨飞机，装的却是喷气式飞机的用油。

回到机场，胡佛要求见那位负责保养的机械工。年轻的机械工早为自己犯下的错误痛苦不堪，一见到胡佛，眼泪便沿着面颊流下。他不但毁了一架昂贵的飞机，甚至差点造成三人死亡。在别人的想象中，这位自负、严格的飞行员，一定会为不慎的修护工作大发雷霆，痛责一番。但是，胡佛并没有责备那个机械工，只是伸出手臂，围住他的肩膀说，为了证明你不会再犯错，我依然要你明天帮我保养我的飞机。"

宽容让你伟大，宽容让你赢得尊重，同样宽容也会给你带来长久的友谊。

第二次世界大战期间，一支部队在森林中与敌军相遇，经过一场激战，有两名来自同一个小镇的战士与部队失去了联系。他们俩相互鼓励，相互宽慰，在森林里艰难跋涉。十多天过去了，仍然没有与部队联系上。他们靠身上仅有的一点鹿肉维持生存。又经过一场激战，他们巧妙地避开了敌人。刚刚脱险，走在后面的战士竟然向走在前面的战士安德森开了枪，子弹打在安德森的肩膀上。开枪的战士害怕得语无伦次，他抱着安德森泪流满面，嘴里一直念叨着自己母亲的名字。安德森碰到开枪战士发热的枪管，怎么也不明白自己的战友会向自己开枪。但当天晚上，安德森就宽容了他的战友。

后来他们都被部队救了出来。此后30年，安德森假装不知道此事，也从不提及。安德森后来在回忆起这件事时说：战争太残酷了，我知道向我开枪的就是我的战友，知道他是想独吞我身上的鹿肉，知道他想为了他的母亲而活下来。直到我陪他去祭奠他的母亲的那天，他跪下来求我原谅，我没有让他说下去，而且从心里真正宽容了他，我们又做了几十年的好朋友。

中国古代也有不少宽容的故事，其中一个发生在春秋时期，不过这次的宽容带来的不仅仅是尊重和生命的拯救，更多的是胜利。

《东周列国志》里描述了一个脍炙人口的"绝缨宴"，是公元前606年发生在楚国的故事。

楚庄王有次夜宴群臣，满庭欢声笑语，酣畅淋漓。忽然，一阵风过，烛台灯灭，漆黑一片。侍者急急忙忙寻火点灯的时候，楚庄王的爱妃轻轻拽住他的袖子说，刚才有人对她不轨，她挣脱时顺手扯去了他帽顶的缨子，灯一亮自然就知道那个人是谁了。

"慢。"楚庄王突然喝住正要点灯的侍者，在黑暗中，命令群臣拔掉各自的帽缨。灯再次点亮的时候，众人都没有帽缨。

几年后的一次大战中，楚庄王困厄绝境，身旁一员猛将，死命拼杀，护驾突围。化险为夷后的楚庄王躬身相谢。该将领顿然跪拜道："上次卑臣酒后失礼，若非大王宽容，早已是刀下鬼了。"楚庄王以他的宽容赢得了人心，也带来了回报。

斯宾诺沙，这个被黑格尔誉为"一个真正的哲学家"的人说过这样一句话："人心不是靠武力征服，而是靠爱和宽容、大度征服。"

懂得宽容的人，才懂得人生，懂得快乐。宽容的内心是爱而不是去对付。没有人不相信，宽容能将敌视、嫉妒、不满和愤恨等等，统统逐渐融化其中，正因为它谦逊，它接纳，才有它的辽阔。人生旅程中，身陷漫长的严冬之时，宽容之心，可以融化别人心中的冰雪，融化你身边的冰雪，让春天更早地到来。学会宽容吧，他会让你的人生越走越远。

二

"处处绿杨堪系马，家家有路到长安。"宽厚待人，容纳非议，乃学业成功、人生幸福之道。事事斤斤计较、患得患失，很难获得友谊，活得也累。

中国人的文化里面向来都主张宽容。例如，有这么一副对联："大肚能容，容天下难容之事；开口便笑，笑天下可笑之人。"凡有弥勒佛的寺庙里，我们经常可以见到这副对联。这副对联，就是讲度量的，人能达到能容天下万事万物的度量，其思想便是进入"禅"的高层境界了。度量，是对他人长处、短处和过错的一种包容。度量大，能得人心、团结人、纳众谋，以成其强大，对创造和谐的工作环境，十分有益。有首打油诗写道："占便宜处失便宜，吃得亏时天自知。但把此心存正直，不愁一世被人欺。"内心正直、胸怀雅量，才能包容万物，才能以美好善良之心看待万物。

宽容的过程同时也是一种互补的过程。别人有过失，若能予以正视，并以适当的方法给予批评和帮助，便可避免大错。自己有了过失，亦不必灰心丧气，一蹶不振，而应该吸取教训，引以为戒，取人之长，补己之短，重新扬起工作和生活的风帆。现实生活中，只有大胸怀的人，才可能拥有大事业，这一点是无须怀疑的。以一种大胸怀的心态去做事，必定会多有收获，最终也会成就自己的一番大业。

宽容在人际交往中有着不可替代的功效，那么同学们该如何培养自己的宽容心呢？

第一，学会宽容自己。宽容，首先就必须对自己宽容，只有懂得对自己宽容的人，才有可能对别人也宽容。宽容地对待自己，就是心平气和地工作、生活，这种心境是充实自己的良好状态。宽容自己要正视自己的缺点，宽容自己人生的不完美。

世界上，或许存有许多属于完美的样板，但现实生活中却往往寻不到令人满意的答案，有的人对任何小的细节都要求完美，往往结果就会蛇吞象，大象没有吞下去，自己的肚皮却被撑破。超限度不切实际的目标只是幻想，什么都不想放弃，什么都希望做好，于是便常常立下数不清的志向，便有了数不清的奔波，于是永远追求，永远紧张，永远不懂得满足，也就永远没有真正的快乐。抱着这样的心境，这样的情绪，能够成功吗？没有完美的人生，也没有完美的人，当我们能接受自己的这些不完美时，对于他人的不完美，我们就更容易接受了。

第二，学会给予，学会帮助别人。尽心尽力帮助他人，他人也会对你付出关怀与爱心。你希望别人怎么待你，你先怎么对待别人。在社会生活中，与人交往常常发生"给予"和"获取"的行为。给予的越多，你收获的越多。时刻帮助别人，在你陷入困境的时候，也会有许多人来帮助你。

第三，站在对方的角度思考问题。这是做人处世的原则。生活中，有的人很难与周围的人和睦相处，其中一个重要原因就是不善于"将心比心"。"将心比心"有两层含义：第一层是指如果对方做了令你不能容忍的事情，犯了错误，那么你要设身处地地想一下他这样做的原因或者他此时的心情。第二层是指自己做事时应该很好地顾及他人的感受。说话、做事的时候，多问一下自己："我做这件事产生的后果自己觉得如何？"如果自己能够接受，那么别人也大概能够容忍；如果自己都不能容忍，那么别人肯定也不愿接受，这就要三思而后行了。

战国时期，梁国与楚国交界，分别在边境上设立了界亭，而守护界亭的士兵则在各自的地界里种了西瓜。

当时，梁国的士兵辛勤劳动，总是给西瓜锄草浇水，所以瓜秧长势非常好。而楚国的士兵好吃懒做，不懂得细心照料瓜田，所以瓜秧又瘦又弱。楚国的士兵看到这种情形，觉得很没面子，于是在一个漆黑的晚上，偷偷把梁国地界的一些瓜秧弄断了。

第二天早上，梁国的士兵发现有的瓜秧被弄断了，不禁火冒三丈，急忙把这里的情况报告给边县的县令，并且嚷嚷着要报复对方。县令急忙安慰士兵："你们的心情我很理解，你们想把楚国地界里的西瓜秧弄断，的确很解气，但是，我们明明痛恨对方扯断了我们的瓜秧，为什么还要这样对待别人呢？"

梁国的士兵听了，火气小了，大家不住地点头，赞同县令的说法。县令接着说："别人做得不对，我们再跟着学，就太狭隘了。你们听我的话，从明天开始，每天晚上给楚国地界里的瓜秧浇水，让他们的瓜秧好好长。并且，不让他们知道是我们做的。"梁国的士兵觉得县令的话很有道理，就照办了。

不久，楚国的士兵发现自己的瓜秧长势一天比一天好，

后来终于知道了实情。楚国的边县县令听说了这件事，既惭愧又敬佩，立刻向楚王做了汇报。楚王听说后，也感慨不已，于是准备了礼物和文书，向梁王修好。就这样，原来关系不睦的两个国家，成了友好的邻邦。

与人交往实际上是一种信息沟通的过程，我们传达出了友善的态度，自然会得到对方的积极回应；如果我们采取孤傲的姿态对他人横加斥责，自然会招致他人的非难。站在对方的角度考虑问题、与人交往，就容易赢得对方的尊重，实现和睦相处的局面，甚至化敌为友。

第四，学会适应环境而不是苛求环境。

现代社会的发展为社会成员的自由流动提供了日益充分的物质条件，人们对环境的选择要求日益强烈。然而，即使是高度现代化的社会，人对环境的选择却总是有一定限度的。我们这个正在从事现代化建设的国家，由于历史的原因，更由于生产力水平的限制，在一个不短的时期内，环境与人的交互作用的主导面，恐怕还是通过人对环境的适应来改变环境，而不是通过新的选择来调换环境。

善于适应环境表现了人的性格的灵活，它具有多方面好处：首先，能协调自己与环境的关系；其次，能优化自己的心境与情绪；再次，能调动自己内在的积极性；最后，能为进一步发展准备条件。所以，适应有积极与消极、主动与被动之分。我们提倡积极的、主动的适应环境，而不是消极的、被动的顺应环境。

第五，学会淡忘，用感恩的心情对待生活。

或许你曾经饱含着成功后遭人嫉妒的苦涩，或许有人因处事不公亏待过你，或许有人方式不当让你受尽了委屈，或许有人因势利伤害了你……对于这些，你大可不必耿耿于怀，愤愤不平。既不要将自己想当然的一些东西强加于无关的人，更不要想到要以牙还牙，采取什么办法变本加厉"回敬"对方、中伤对方。最好的办法，就是别把这些让你不快乐的事放在心上，如果你始终跟自己过不去而处于一种烦恼心态，无疑只会在自己心里种下刻薄的阴影，最后形成一种恶性循环。

生活中耿耿于怀的人，生理和心理都会处于不健康状态。反之，忘记和宽容那些事、那些人，则对我们的健康大有益处。实验表明：人在记仇怀恨时，心跳会加快，血压会上升，而在心怀慈悲、宽容"仇人"时，心跳会减慢。

我们必须要学会忘记，乐观地把它作为生活的积累，学会感恩，感谢生活给你磨炼自己的机会，要用自己的人格魅力去感化对方，因此，忘记有时也是对自己最好的爱护。

第六，学会欣赏他人的优点，不苛求他人。与适应环境同步存在的问题是，人也不应苛求他人。

在人际交往中，和谐融洽是人人希望的，只是矛盾、隔阂常要光顾我们的生活。不苛求他人，尊重别人的个性、习惯等，是一种宽容；但是，当别人对自己表现出进攻的姿态时，能做到合理的谅解、忍让，则是更大的宽容。

每个人身上都有缺点和优点，但是我们不能只盯着别人的缺点，而忽略他人的优点。

一位西方学者指出：当你要去"挑剔"另一个人时，这表明不了别的，它确实只表示你是那个需要被批评的人。

在同学关系中，无私地宽容对方的过失，能够增进亲密关系，使学习生活更加愉快，学校生活更丰富多彩。在操场上，一位女同学无意踩了位男同学的脚，女同学道歉说："对不起，踩着您了。"男同学笑笑："不不，该由我来说对不起，我的脚长得不太苗条。"哄的一下，周围响起一片笑声。这就是宽容。它有幽默感、馨香、清润、明澈！

宽容是一种美德，它像催化剂一样，能够化解矛盾，使人和睦相处。宽容体现了一个人的素养与气度，表现了人的思想水平。善待他人的短处，可以使我们与他人和睦相处；宽容对待他人的长处，可以使我们不断进步；在心中留出一片天地给别人，自己的人生道路才会越走越宽广。

第二节　微笑

当生活像一首歌那样轻快流畅时，笑颜常开乃易事；而在一切事都不妙时仍能微笑的人，才活得有价值。（德国　威尔科克斯）

微笑蕴藏着巨大的力量，它是最好的自我介绍。要想受到别人的欢迎，请微笑吧！

一

微笑是一个很简单的动作，只要你轻轻翘起嘴角，笑容就会在你脸上荡漾。可别小看它，一个小小的微笑蕴涵着巨大的力量。

经过80多年发展，美国希尔顿酒店已经成为具有70多家分店、足迹遍布世界五大洲的酒店连锁集团。几十年来，希尔顿旅馆生意越来越好，财富增加呈直线上升。研究发现，其成功的秘诀就在于服务人员"微笑的影响力"。

作为希尔顿酒店的董事长，唐纳·希尔顿的成功是从年轻时开始起步的。当年，他拿着父亲留下的遗产，买下了得克萨斯州的第一家旅馆，并很快让资产增加到5100万美元。

于是，希尔顿欣喜地把这个好消息告诉了母亲。然而，母亲只是淡然地说："照我看，你必须把握比5100万美元更值钱的东西，除了对顾客诚实之外，还要想办法使每一个住进希尔顿旅馆的人住过了还想再来住，你要想用这样一种简单、容易、不花本钱而行之可久的办法去吸引顾客。这样你的旅馆才有前途。"

那么，什么"法宝"才具备母亲所说的那些特征呢？希尔顿冥思苦想，终于悟出来了，这个法宝一定是微笑。于是，希尔顿要求员工，无论如何辛劳都必须对旅客保持微笑。他相信，微笑将有助于希尔顿旅馆世界性的发展。

在几十年里，唐纳·希尔顿不断地到世界各地的希尔顿酒店视察业务；并且，他非常重视与希尔顿酒店服务人员的接触。在与总经理、服务员等各级人员的交谈中，他问得最多的一句话就是："你今天对客人微笑了吗？"

成功从微笑开始，微笑能给人带来友好。它能让人心胸开阔，具备宽容的视野；微笑能赢得对方的谅解，化解彼此的尴尬。微笑还能给人鼓励，给丧失信心的人带来生活的决心和勇气。

日本喜剧泰斗、作家岛田洋七在《佐贺的超级阿嬷》一书中，写到了他童年时期与外婆相依为命的故事。岛田洋七八岁时被送到外婆所在的乡下生活。他刚到那里时极其不适应，在新学校里，同学都疏远他，他交不到一个朋友。外婆不嫌唠叨地告诉他："要带着笑容，好好跟人打招呼。穷人最能做的，就是展露笑容。"并且告诉他："笑容是宝，你一笑，旁边的人也跟着笑了。"于是岛田洋七开始留心带着笑容，很精神地和邻居打招呼。于是邻居们都笑着回应这个突然到来的陌生人，并且渐渐地会赠送他一些小礼物——蔬菜、水果、糕饼点心等。

对于岛田洋七来说，微笑不但不用花钱，还可以赚到许多东西。试想一下，如果这个孩子放学回来总是苦着脸低头走过，邻居会怎么看？可能不仅不会得到邻居赠送的小礼物，反而还会听到无聊的闲话："一个没有爸爸，又寄养在外婆家里的古怪的小孩儿，难怪会心情不好。"但是现在，没有人会对在艰苦境遇中还能笑着的人恶语相向。

微笑是面对困难最好的回应。面对人生中的挫折与无奈，用微笑展示出你的自信和乐观，这也是一种勇气。

微笑是生活中的一剂良药。没有人喜欢整天绷着脸的人。笑容就像温暖的春风，会使人际关系水乳交融。而且，微笑是会"传染"的，如果你用微笑的方式对待你身边的人，包括你的家人或同事，他们也会用同样的方式对你。在我们的生活中，微笑的力量不可忽视，它可以使紧张变得轻松，使尴尬变为主动。

一个叫安东尼的士兵在内战时不幸被俘虏，被投进了阴暗的单间牢房。一般的俘虏几乎都只有被处死一种结局，所以在被抓的那一刻，安东尼感到前所未有的绝望。

为了对抗死亡带来的恐惧，他从身上摸出了一根烟，但是，火柴早在进来之前就被人搜走了。安东尼感到很沮丧，他环视四周，透过牢房冰冷的铁窗，借着昏暗的光线，他看见一个像木偶一样一动不动的士兵。他用力摇了一下铁窗，那个看守好像没有什么反应，于是他用尽量提高声音对他说："我想抽根烟，借个火用一下？"

这回士兵听见了，头慢慢地扭过来，慢慢地踱到安东尼跟前，脸上毫无表情，想要说什么，但没说，掏出火柴划着，帮安东尼把烟头点着。"谢谢，我在天堂里会为你祈祷的。"安东尼真诚地道谢。

在黑暗的牢房中，火柴发出的微不足道的光却格外明亮，他们看清了彼此的脸，眼光碰到一起，安东尼发自内心的朝对方笑了笑，看守好像对安东尼的举动感到很意外，呆呆地看着安东尼。几秒钟的发愣之后，看守的嘴角也不大自然地往上翘，露出了微笑。

两个真诚的微笑一下子将他们的心拉近了。看守并没有立刻离开，而是探过头来轻声问："你的家里还有亲人吗？有孩子吗？"

"有，在这儿呢！我一直将他们放在我身边，是他们鼓励我活到了现在！"安东尼用颤抖的双手从贴身衣袋里拿出他与家人的合影。看守看了之后，又笑了，也赶紧从兜里掏出自己与家人的照片给安东尼看。

安东尼羡慕地对看守说："你还可以看见自己的孩子和家人，我却只有在天堂为他们祈祷了。"安东尼的话使看守的眼中霎时充满了同情的泪水，看守沉思了片刻，用食指贴在嘴唇上，示意安东尼不要出声。他开始机警地环视周围，并巡视了一圈过道，看到没有什么异常情况后，他慢慢地掏出钥匙，悄悄地打开牢门的锁。

安东尼的生命被他的一个微笑挽救了……

真诚的、会心的微笑，它所传递的情感是我很高兴看到你，你带给我快乐。不要低估了一句话、一个微笑的作用，它很可能成为开启你幸福之门的一把钥匙。

两名刚毕业的大学生同到一家公司应聘。面对发问，甲滔滔不绝，甚至不等主考官说完就大发意见，很有"英雄无用武之地"的感慨。而相貌平平的乙，却始终面带微笑，平静而又不失机灵地陈述着自己的见解。结果只有乙被录用了。究其原因，用主考官的话来说，就是他从乙的微笑中，看见了乙礼貌待人和稳重的品质，看见了乙潜在的创造力。因此，巧施微笑，你一定会左右逢源，万事皆顺。

2006 年 10 月，16 岁的少年作家子尤因患癌症去世了。在子尤的博客上，人们可以看到他的照片，那是充满信心的微笑。从 8 岁开始写书的子尤从不害怕生活的苦难，始终乐观地面对疾病和命运。在做医学检查的子尤脸上，从始至终保持着微笑；即使病危的子尤，脸上也无时无刻不挂着微笑。坚强的子尤，始终以坚毅的微笑展示自己，表现出自己对生活的勇气和坚强。

也许你从来没有想到，微笑的力量是这么的大！那么，就从现在开始面带微笑吧，对别人微笑，也对自己微笑。微笑的力量，将会让你有精彩的人生。

二

人生苦短，与其事事剑拔弩张，不如用微笑去面对它。请时刻记住，成功是从微笑开始的。人生不如意之事十有八九，乐观点儿，自己营造快乐，学会轻松微笑地解决难题。当然，微笑是指那些由内心生出的绝对真诚的笑。

微笑是一种健康心态和良好心理素质的反映，它体现了我们的乐观、自信，体现了我们的平和与从容。这样的微笑，就像灿烂的阳光，会给我们塑造出光彩熠熠的形象，得到与我们相遇的每一个人的认同，并从中进一步获得乐观、自信、平和、从容。即使是那些与我们素不相识的人，也会从我们的微笑中受到感染，我们也会在带给别人好心情的时候保持一份好心情。

微笑的人更容易让人接近。在一个冷若冰霜和一个面带微笑的人中间，我们都会选择后者。满脸冰霜的人，人们避之犹恐不及，更何谈交往；谈笑风生的人，让我们与其交往时如坐春风，相交自然就容易深入。

微笑是一种扣人心弦的最美好的语言，有了微笑的面孔，就会有希望，就会走向快乐。

微笑会使隔阂更容易消除、矛盾更容易化解。我国俗谚"伸手不打笑脸人"说的就是这个道理。在日常行为中，如果我们小有过失，往往一个真诚的微笑就可以化解对方的不快。在矛盾冲突中，善良的微笑能够让情势缓和甚至转折，最起码也可以营造出个良好的解决问题的氛围。

中国功夫明星李连杰是家喻户晓的人物。他从小习练武术，掌握了多种武功。他的武功练得出类拔萃，他曾多次参加世界武术大赛，先后获得了多次世界武术冠军。后来，他出演电影《少林寺》，以其深厚的武术功底将角色演绎得淋漓尽致，从而一举成名。

再后来，他凭着一身好武功闯进好莱坞，出演了多部功夫片，名震美国乃至全球。

应该说，李连杰是一个武功很好的人。但有一次外国记者问他："中国武功最高的是什么？"他却说："微笑是最高武功。只有微笑，才没有敌人，才是无敌天下的。"

微笑有如此巨大的力量，在生活中，同学们该怎样微笑呢？

第一，微笑要真诚。笑容应当发自一个人的心灵深处，诚挚而真实。为了展示发自内心的微笑，可以从以下几个方面着手：

①应主动寻觅、用心追求。

追求快乐之道，有一个大前提，那就是要了解快乐不是唾手可得的。它既非一份礼物，也不是一项权利；你得主动寻觅、努力追求，才能得到。当你领悟出自己不能呆坐在那儿等候快乐降临的时候，你就已经在追求快乐的路途上跨出了一大步了。

当你尝试新的活动，接受新的挑战的时候，你会因为发现多了一个新的生活层面而惊喜不已。

②不要把眼睛盯在"伤口"上。

如果某些烦恼的事已经发生，我们就应正视它，并努力寻找解决的办法。如果这件事已经过去，那就抛弃它，不要把它留在记忆里，尤其是别人对我们的不友好态度，千万不要念念不忘，更不要说："我总是被人曲解和欺负。"当然，有些不顺心的事，适当地向亲人、同学、朋友吐露，可以减轻烦恼造成的压力，这样心情好受一些。

③要意识到自己是幸福的。有些想不开的人，在烦恼袭来时，总觉得自己是天底下最不幸的人，谁都比自己强。其实，事情并不完全是这样，也许我们在某方面是不幸的，在其他方面依然是很幸运的。如上帝把某人塑造成矮子，却给他一个十分聪颖的大脑。请记住一句风趣的话："我在遇到没有双足的人之前，一直为自己没有鞋而感到不幸。"生活就是这样捉弄人，但又充满着幽默之味，想到这些，我们也许会感到轻松和愉快。

④脸皮可以厚一点。

根据专家调查研究，使人觉得满足的特点之一就是不要太在乎别人的批评，换句话说就是脸皮要厚一点。不要因外来的逆流而屈服。不要因为别人的冷言冷语就伤心气愤，以为自我受了莫大的伤害。不过你倒是应该心平气和地反省一下，如果别人的批评是正确的，你就该积极改进。如果批评是不公正的，何不一笑置之呢？也许刚开始，你不太能掌握住应付批评的对策，因为你也许会很敏感，难免会有情绪上的反应，可是你要练习控制自己，这种技巧是终生受用不尽的。

快乐的品位因人而异。能使别人快乐的事物不一定能使你快乐。唯有你自己才知道该如何去追求快乐。可是记住：千万可别守株待兔，快乐是只狡猾的兔子，你只有努力用心去追寻才能得到。

第二，微笑要得体。在与人交往的时候，面对不同的场合、不同的情况，如果能用微笑来接纳对方，可以反映出你良好的修养和挚诚的胸怀。另外微笑对于自己最大的好处，是可以在为自己营造良好人际关系的同时，促进个人的身心健康。"笑口常开"的人，往往会给自己一种心理暗示，并产生积极的反馈，使自己活得开心快乐。但是微笑并不是张口笑就行的。

①不可以假装。应该笑得真诚、适度、合时宜。想要笑得好很容易，只要你把对方想象成是自己的朋友或兄弟姐妹，就可以自然大方、真实亲切地微笑了。

②要适度。虽然微笑是人们交往中最有吸引力、最有价值的面部表情，但也不能随心所欲，随便乱笑，想怎么笑就怎么笑，不加节制。试想一个这样的场景：在餐厅吃饭时，坐在你对面的是你的一位朋友，你对她微微一笑，可能她会觉得你非常欢迎她与你共同进餐。可当你面前坐的是一位陌生人的话，你吃一口饭，对他笑笑，吃一口饭，抬头看见他，又笑笑，这样一次两次可以，如果次数多了，就会让对方心里发毛：这个人是不是有问题？她也许会以最快的速度换到别的位置上去。所以说，笑得得体、适度，才能充分表达友善、诚信、和蔼、融洽等美好的情感。

圆圆中专毕业后，进入一家大饭店工作，成了一名服务员。在上岗之前，大堂经理对她进行了培训，教给她各种礼仪，特意强调让她在招待客人时要面带微笑。

圆圆记住了大堂经理的话，在为客人服务时总是面带微笑。久而久之，微笑便成了她的习惯。当然她的微笑也获得了客人的称赞，使他们有宾至如归之感。

但是，有一天，圆圆的微笑却遭到了大堂经理的训斥。事情是这样的，这天有一家三口：爸爸、妈妈和一个两岁左右的孩子来吃饭，圆圆照例面带微笑为他们服务。在吃饭过程中，孩子不慎打翻了汤碗，热汤洒在孩子身上，孩子开始大哭。这时，圆圆仍习惯性地微笑着站在旁边。大堂经理正好看见了，便训斥圆圆说："你还有心情笑！还不快去帮忙！"

可以说，圆圆此时的微笑便不是得体的，难怪要遭到训斥。在大多数情况下，我们都可以微笑示人，但也有些特殊场合要收起自己的笑容。我们在日常生活或工作中，都要注意微笑要得体。否则，便会适得其反。请记住"想人所想，急人所急"这句话，这样你就会恰当地运用我们的微笑、无往而不胜了。

第三，对于不善于笑的人，可以专门进行微笑的练习。

微笑的时候，先要放松面部肌肉，然后使嘴角微微向上翘起，让嘴唇略呈弧形。最后，在不牵动鼻子、不发出笑声、不露出牙齿，尤其是不露出牙龈的前提下，轻轻一笑。

微笑必须注意整体配合。微笑虽然是一种简单的表情，但要真正地成功运用，除了要注意口型外，还须注意面部其他各部位的相互配合。一个人在微笑时，目光应当柔和发亮，双眼略为睁大；眉头自然舒展，眉心微微向上扬起。这就是人们通常所说的"眉开眼笑"。除此以外，还要避免耸动鼻子与耳朵。

要切记不要使自己的微笑，变成假笑、媚笑、冷笑、窃笑、嘲笑、怪笑、大笑、狂笑等。一定要做到让它体现个人内心深处的真、善、美，要做到心灵的微笑。

每当你烦闷、恼怒、郁郁寡欢的时候，不妨强迫自己露出笑脸，而且还可以拿着一面小镜子，对照着自己的"苦瓜脸"和笑脸，哪一种会让你变得更加轻松。对着镜子的几次勉强微笑后，相信你的心情真的会好多了。

微笑是人类独有的天赋。无论贫富贵贱，无论时代如何变迁，微笑的意义都不曾改变。它不受年龄、国家、语言、文化差异的限制，笑永远是你取之不尽、用之不竭的宝贵资源。关键就在于你用还是不用，用得多还是用得少。对一个人展露笑容往往表现的是："我很高兴见到你，谢谢你，我喜欢你……"笑表示喜欢、接纳、亲和、感谢、宽容……

辛迪·克劳馥说过："女人出门若忘了化妆，最好的补救方法便是亮出你的微笑。"

微笑是最动人的语言，它使人与人之间的沟通变得更加简单。当然，这种微笑首先要发自内心，而不是勉强的苦笑或者皮笑肉不笑。一个人的笑容是否发自内心，是能够辨别出来的，所以千万不要强颜欢笑。这样不仅不能让对方感受到你的善意和真诚，结果可能适得其反。

善意、真诚的微笑，能够像雨露一样滋润他人的心田，消除他人心中的恐惧、陌生、怀疑、尴尬等不安的情绪。当别人不小心冒犯了你，送给他一个微笑，让他感受到你的宽容，这样可能会避免一次争吵；面对困难、挫折，送给自己一个微笑，告诉自己，一切都会过去。面对人生的误解与仇恨，用微笑表达你的坦然和大度；面对人生的赞美与鼓励，用微笑表达你的谦逊和努力；面对人生的困惑与忧愁，用微笑表达一种平和和释然。鲁迅先生说过："伟大的心胸应该表现出这样的气概——用笑脸迎接悲惨的命运，用百倍勇气应付一切的不幸。"

请微笑吧，真诚的微笑吧！

第三节 尊重

不尊重别人的人，别人也不会尊重他。（德国 席勒）

尊重是相互的。当你抱怨别人不尊重你时，要先问问自己是否尊重别人。每个人都有自己的尊严，同学们在维护自己的尊严的同时，请不要损害他人的尊严！

一

世界上任何一位真正伟大的人，绝不浪费时间满足于他个人的胜利。

1922 年，土耳其在经过几世纪的敌对之后，终于决定把希腊人逐出土耳其领土。穆斯塔法·凯墨尔，对他的士兵发表了一篇拿破仑式的演说，他说："你们的目的地是地中海。"于是近代史上最惨烈的一场战争展开了。最后土耳其获胜；而当希腊两位将领——的黎科皮斯和迪欧尼斯前往凯墨尔总部投降时，土耳其人对他们击败的敌人加以辱骂。

但凯墨尔丝毫没有显出胜利的骄气。

"请坐，两位先生，"他握住他们的手说，"你们一定走累了。"然后，在讨论了投降的细节之后，他安慰他们失败的痛苦。他以军人对军人的口气说："战争这种东西，最佳的人有时也会打败仗。"

尊重他人，需要设身处地为他人着想，给别人面子，维护他人的尊严。

沃恩每年都会受邀参加某单位的杂志评审工作，这个工作虽然报酬不多，但确实是一项荣誉。很多人想参加却找不到门路，也有人只参加了一两次，就再也没有机会了！沃恩年年有此"殊荣"，让大家都羡慕不已。

他在年届退休时，有人问他其中的奥秘，他微笑着向人们揭开谜底。他说，他的专业眼光并不是关键，他的职位也不是重点，他之所以能年年被邀请，是因为他很会给别人"面子"。

他说，他在公开的评审会议上一定会把握一个原则：多称赞、鼓励，而少批评。但会议结束之后，他会找来杂志的编辑人员，私底下告诉他们编辑上的缺点。因此，虽然杂志有先后名次，但每个人都保住了面子。也正是因为他顾虑到别人的面子，因此承办该项业务的人员和杂志的编辑人员都很尊敬他、喜欢他，当然也就每年找他当评审了！

年轻人常犯的毛病是，自以为有见解，自以为有口才，抓住机会就大发宏论，把别人批评得脸一阵红一阵白的，他自己则大呼痛快。其实这种举动正是在为自己的祸端铺路，总有一天会吃到苦头。可以说，故事中的沃恩是一个非常聪明的人，他的做法既维护了他人的面子和尊严，也让他人明白了杂志的不足和缺点，所以当然受到了所有人的喜爱。

尊重不仅仅是一种态度，也是一种能力和美德。人与人之间的交往，都应建立在真诚与尊重的基础上。人唯有尊重他人，才能尊重自己，才能赢得他人对自己的尊重。每一个人都有着他的自尊心的，如果你对他所说的话能够表示同意，这就是尊重他的意见，他在无形中把自己高抬了，而这抬高他的便是你，自然他对你是十分欢迎的，他愿意和你做朋友。反过来，你不能对他表示同意，这显然是你站在和他敌对的地位，你是他的敌人而不是友人，他能不和你为难吗？所以在说话的时候，这一点我们是应该加以注意的。

当一个人已经作出一定的许诺——宣布一种坚定的立场或观点后，由于自尊的缘故，便很难改变自己的立场或观点，此时你若想说服他，就必须顾全他的面子，为对方铺台阶，如说一些有利对方的话。

"在那种情况下，任何人都想不到。"

"当然，我理解你为什么会这样想，因为当时你并不清楚事情的经过。"

"最初，我也这样想的，但后来我了解到全部情况，我就知道自己错了。"

卡耐基年轻时，总喜欢给别人留下深刻印象，所以写了一封可笑的信给理查德·哈丁·戴维斯。他当时刚出现在美国文坛上，颇引人注意。那时，卡耐基正好帮一家杂志撰文介绍作家，便写信给戴维斯，请他谈谈他的工作方式。在这之前，卡耐基收到一个人寄来的信，信后附注"此信乃口授，并未过目。"这话留给卡耐基极深的印象。于是，卡耐基在给戴维斯的信后也加了这么一个附注"此信乃口授，并未过目。"实际上，卡耐基当时一点也不忙，只是想给戴维斯留下深刻的印象。

戴维斯根本不劳心费力地写信给卡耐基，只把卡耐基寄给他的信退回来，并在信后潦草地写了一行字："你真是没有礼貌。"的确，卡耐基是弄巧成拙了，受这样的指责并没有错。但是，身为一个人，卡耐基觉得很恼羞成怒，甚至10年后卡耐基获悉戴维斯过世的消息时，第一个念头仍然是，我实在羞于承认我受到的伤害。

以卡耐基这样的胸怀，尚且难以抹平年轻时曾经受过的伤害，可见尊重他人是多么重要的事情。卡耐基告诫道："如果你我明天要造成一种历经数十年，直到死亡才能消失的反感，那只要轻轻吐出一句尖刻的评语就够了。"

人与人之间是平等的，每个人都应该受到别人的尊重，每个人也都希望得到别人的尊重。平等和尊重是一种美德，更是取得成功必备的一种品质和保护自己的一种手段。

郭子仪是唐朝的大功臣，但是他从来不居功自傲。相反，他还处处为地位不如自己的人着想。

一天，朝中有一个地位低下的官僚要来拜访郭子仪。郭子仪事先让所有的侍女到时候都避开，不要露面。

"为什么要这么做呢?"郭子仪的夫人纳闷地问。

"这个官僚生性多疑,"郭子仪解释道,"他身高不足五尺,相貌奇丑,但是又很忌讳别人说他丑。我是担心侍女们见了他会发笑,伤害到他的自尊心,所以让她们都躲起来。"

后来,这个官僚当上了宰相。为了报复以前嘲笑过他的人,他想尽办法陷害他们。但是,他对郭子仪却很尊重,国为他从来没有伤害过他。

尊重是互相的,只有尊重他人才能得到别人的尊重。古人说:"我敬人一尺,人敬我一丈。"意思就是说,我们只要学会尊重别人,别人也一定会加倍的尊重自己。

一个纽约商人在街上看到一个衣衫褴褛的铅笔推销员,出于怜悯,他塞给那人一元钱。但是走过了儿步,他又返回来取了几支铅笔,并抱歉地解释自己忘记拿笔了,然后他意味深长地对那个推销员说:"你跟我都是商人,你也有东西要卖。"

差不多一年后,他们再次相遇,商人发现那个铅笔推销员已成为推销商,他充满感激地对纽约商人说:"谢谢您,您给了我自尊,是您告诉了我,我是个商人。"

尊重他人可以让失望的人看到光明,让自卑的人找到自信,甚至可以因此而改变一个人的一生。

尊重他人的人,往往能够被更多的人记住,也会得到更多人的帮助。如果你想处处得到别人的尊重,获得友谊和朋友,请从现在做起,尊重别人吧!但不要根据别人是否尊重你或尊重你几分来决定你对别人尊重多少,而是发自内心地去尊重别人,让尊重他人成为一种修养。

二

有人曾经这样问："婴儿为什么会在人多的场合哭呢？"不同的人有不同的看法：因为太吵了，因为婴儿想要引起他人的注意，因为婴儿饿了……

真正的原因是什么呢？一个心理学家为了了解真正的原因，他特地蹲下来，从婴儿的位置来看世界。他发现婴儿没有办法看到别人的脸，只能看到大家的腿。在经过认真研究后得出结论：原来，婴儿的啼哭是因为他没有与大人平等相待，没有得到大人的尊重。

平等与尊重是人际交往的第一准则。1960 年当选牛津大学校长的英国前首相哈罗德·麦克米伦曾提出过人际交往的四点建议：一是尽量让别人正确；二是选择"仁厚"而非"正确"；三是把批评转变为容忍和尊重；四是避免吹毛求疵。这些建议可以说都是围绕着"平等"与"尊重"提出来的。

那么，中小学生如何学会尊重他人呢？

第一，对待朋友不要斤斤计较。对待朋友应该学会宽容、大度，不要因为小事耿耿于怀，纠缠不清。

第二，应该积极帮助同学。帮助他人会让你心胸开阔，帮助他人也能让别人尊重你。朋友之间要互相帮助，但要学会理智地、有原则地辨别是非。不能毫无原则地为朋友两肋插刀，铤而走险，这不仅不是朋友之间正常的互相帮助，而且很可能会间接地害了别人。

第三，尊重他人的隐私。不要打探别人的秘密，因为每个人都有自己不愿意告诉别人的秘密，我们应对这些给予尊重和理解。过分"关心"他人的隐私，不仅是不道德的，甚至是违法的。

更要注意的是不能传播于同学不利的言论，即使对方有缺点，也要在私下和他讲明白，不可当众指出来。

第四，不要以自为中心。如果要求别人事事服从自己，听从自己，就会使朋友之间的交往变得不平等。这样的交往态度会成为我们与人交往中的绊脚石。更不能自高自大，忽视他人的地位与价值，要时刻保持谦逊的态度。

萧伯纳是英国著名的戏剧家、诺贝尔文学奖获得者。有一次他去前苏联访问，在莫斯科街头散步时见到一个非常可爱的小女孩。萧伯纳陪着这个小女孩玩了很久，分手时，他对小女孩说："回去告诉你的妈妈，你今天和伟大的萧伯纳一起玩了。"没想到，小女孩也学着大人的口气说："去告诉你的妈妈，你今天和伟大的苏联女孩儿安妮娜一起玩了。"萧伯纳很吃惊，同时也立刻意识到自己的傲慢，立刻向小女孩儿道歉。后来，萧伯纳每次回想起这件事，都感慨万千。他说一个人无论有多大的成就，对任何人都应该平等相待，应该永远谦虚。"

第五，尊重你的对手、你的竞争者。这是一个充满竞争的社会。我们需要朋友，也需要对手。与对手交锋时，不但要学会战胜对方，同时还要学会尊重对方。

1936 年，举世瞩目的奥运会在柏林举行。当时正是法西斯势力猖狂的年代，希特勒想借奥运会来证明雅利安人种的优越，从而达到自己不可告人的政治目的。

当时田径赛的最佳选手是美国的杰西·欧文斯。在纳粹一再叫嚣把黑人赶出奥运会的声浪下，欧文斯仍鼓足勇气报名参加此次运动会的 100 米跑、200 米跑、4X100 米接力和跳远比赛。在这 4 个项目中，德国只在跳远项目上有一个优秀选手可与欧文斯抗衡，他就是实力雄厚的鲁兹·朗。为了保证万无一失，希特勒亲自接见了鲁兹·朗，命令他一定要击败欧文斯——黑种人的欧文斯。这样一来，许多人都为鲁兹·朗捏了一把汗。

到了跳远预赛的那一天，鲁兹·朗顺利进入决赛。而当欧文斯上场以后，他明显感觉到种族歧视的氛围，一些人的呼喊让他很紧张。第一次试跳的时候，欧文斯就踏线犯规了。到了第二次，他为了保险起见，从距跳板很远的地方就起跳了，结果还是跳出了非常糟糕的成绩。这时候，只剩下最后一跳了。欧文斯一次次起跑，又一次次停下来，显露出怯场的痕迹。希特勒看到这里，彻底放心了，干脆中途退场。许多人也认为，欧文斯已经没有任何机会了。

这时候，出现了令人惊奇的一幕。鲁兹·朗走近欧文斯，告诉欧文斯放松些，并且说去年自己也曾遇到过同样的情形。后来，鲁兹·朗还取下欧文斯的毛巾，放在起跳板后数英寸处，提醒他起跳时注意那个毛巾，就能取得好成绩。结果，欧文斯跳出了优异的成绩。

在几天后的决赛中，鲁兹·朗率先破了世界纪录。但是，随后出场的欧文斯毫不示弱，以微弱优势战胜了鲁兹·朗。看到这一切，坐在贵宾席上的希特勒脸色早已变得铁青，而那些民族情绪高昂的德国观众也开始情绪低落下去。

故事到这一幕好像可以结束了，但是更令人惊奇的事情发生了。鲁兹·朗走上前去，拉住欧文斯的手，走到聚集了12万德国人的看台前，然后高高举起欧文斯的手，喊起来："杰西·欧文斯！杰西·欧文斯……"许多人被这一幕弄蒙了，因此看台上出现了一阵难挨的沉默。忽然，一阵呐喊声此起彼伏，大家齐声呼喊："杰西·欧文斯！杰西·欧文斯……"

接着，观众安静下来了，欧文斯也举起鲁兹·朗的手，竭尽全力喊起来："鲁兹·朗！鲁兹·朗……"于是，全场观众又开始积极响应："鲁兹·朗！鲁兹·朗……"戏剧性的一幕感染了在场的每一个人，大家沉浸在莫名的兴奋中，体验着没有政治诡谲、没有种族歧视、没有狭隘嫉妒的激动人心的时刻。

竞争充满了征服的美感和拼搏进取的雄壮，但是在竞争中尊重对手，则显示了人类独有的心灵之美、人性光辉。许多人以仇恨的眼光看待对手，结果混杂了复杂的情绪。这时候，我们根本不会尊重对方，也不会发现对方的优点，只能丧失学习的好机会，丧失竞争的意义。

善待你的对手吧！有时候，将我们送上领奖台的，不是我们的朋友，而恰恰是我们的对手。拥有一个强劲的对手，是一种福分、一种造化。从竞争对手那里，我们不仅能获得必要的危机感、前进的动力、奋发图强的精神，还能学会反省自己。更重要的是，懂得尊重竞争对手，是人性的美。

第六，家长和教师要做好引导工作。在生活中，孩子们有时会做一些不尊重别人的行为。例如，喜欢叫别人外号，见到残疾人会上前围观，见到别人陷入困境会加以嘲笑，看到别人倒霉会幸灾乐祸。孩子这样做，有时是因为想看热闹、好奇，有时是想开个玩笑，有时则只是盲目地跟着别的孩子做。他们并没有理解这样做是不尊重别人，没有意识到他们这样做会伤及别人的心灵。当出现这种情况时，父母先要平静地问问孩子为什么要这样做，然后有针对性地指出孩子这样做的坏处。父母要让孩子设身处地地体会到不受别人尊重时的感觉，要让孩子知道，有教养的孩子应该同情别人，帮助别人，尊重别人。

教师应该在课堂上对学生进行尊重人的教育，告诉他们那些是不尊重人的表现。当孩子出现不尊重人的举动时应及时适当惩罚。如果当时的情况不允许，也应让他稍后体会到不尊重人的后果。父母、教师在行使惩戒职能时一定要做到言出有信。

学会尊重他人吧！我们要想与人更好的共处，就要尽量发现他人的优点，尊重他人；就要学会平等对话，互相交流，因为平等对话是互相尊重的体现，相互交流是彼此了解的前提。

第四节 诚信

生命不可能从谎言中开出灿烂的鲜花。（海涅）

"以诚取信，以信取胜"。诚信是人的立身之本。希望每一位同学在生活中，在与朋友相交中都做到诚实守信。

一

"去吧，孩子，我把你交给上帝了。"阿伯德·卡德的母亲这样告诉他，在给了他40个银币之后，母亲又让他发誓，无论什么时候都不要撒谎，"孩子，可能在接受上帝的审判之前我们再也没机会见面了。"

这个年轻人离开家去赚钱了。但是几天之后，他们遇上了强盗。

"你身上有钱吗？"一个强盗问他。

"有40个银币缝在我的外衣里面。"阿伯德·卡德老实地回答说，但是这个回答却令强盗们狂笑起来。

"你身上到底有多少钱？"另一个强盗恶狠狠地问道。这个老实的年轻人又重复了他刚才的回答。但是，根本没有人将他的话放在心上，就是因为他说得太坦白了，反而没有人相信了。

"到这边来，孩子，"强盗团伙的首领说，他早就注意到了他的两个手下在盘问的这个年轻人了，"告诉我，你身上到底有没有钱？"

"我已经告诉过你的两个手下了，我的衣服里面缝了40个银币，但他们看来并不相信我。"

"把他的外衣掀起来。"强盗首领命令道，于是很快地那些银币就被搜了出来。

"你为什么要说出来?"那伙强盗诘问他。

"因为我不能背叛我的母亲,我向她发过誓——我永远都不能撒谎。"

那伙强盗听到这句话,都心头一颤,好像都被感动了,那首领对他说:"孩子,你虽然年纪轻轻,但却对你向母亲承担的责任如此认真,而我的所作所为与你有天壤之别。尤其是我作为一个成年人,对于上帝赋予我的责任怎么能如此熟视无睹呢?把你的手伸给我,我要按在你的手上重新发誓。"

他说到做到,他的手下也被深深地打动了。

"在犯罪的时候,你是我们的首领,"他的一个下属说,"那么,最起码,在走上正轨的道路上,你也是我们的领袖。"那人也握住男孩子的手,像他的首领那样重新发誓。然后,这些人一个接一个地仿效他们的首领在男孩子的面前重新又发起了誓。

诚实的美德即便是从小孩子身上表现出来的,也会在周围的人中间产生积极的影响。它可能产生不了像在阿拉伯故事中那种惊人的效果,但是,周围的人是能够感觉得到美德的存在的,并不是拥有美好品质的人都有积极心态的感染力,但具备积极心态的人一定有着美好的品质。

在纽约的河边公园里,有一个有名的景点:南北战争阵亡战士纪念碑,每年有许多游人来祭奠亡灵。美国第十八届总统,南北战争时期担任北方军统帅的格兰特将军的陵墓,坐落在公园的北部。陵墓高大雄伟、庄严简朴。陵墓后方,是一大片碧绿的草坪,一直绵延到公园的边界—陡峭的悬崖边上。

格兰特将军的陵墓后边,更靠近悬崖边的地方,还有一座小孩子的陵墓。那是一座极小极普通的墓,在任何其他地方,你都可能会忽略它的存在。它和绝大多数美国人的陵墓一样，只有一块小小的墓碑。在墓碑和旁边的一块木牌上，却记载着一个感人至深的关于诚信的故事：

1797年，这片土地的小主人才5岁，不慎从这里的悬崖上坠落身亡。其父伤心欲绝，将他埋葬于此，并修建了这样一个小小的陵墓，以作纪念。数年后，家道衰落，老主人不得不将这片土地转让。出于对儿子的爱心，他对今后的土地主人提出一个奇特的要求，他要求新主人把孩子的陵墓作为土地的一部分，永远不要毁坏它。新主人答应了，并把这个条件写进了契约。这样，孩子的陵墓就被保留了下来。

沧海桑田，一百年过去了。这片土地被辗转卖过很多次，也换了无数个主人，孩子的名字早已被世人忘却，但孩子的陵墓仍然还在那里，它依据一个又一个的买卖契约，被完整无损地保存下来。

到了1897年，这片风水宝地被选中作为格兰特将军陵园。政府成了这块土地的主人，无名孩子的墓在政府手中完整无损地保留下来，成了格兰特将军陵墓的邻居。一个伟大的历史缔造者之墓和一个无名孩童之墓毗邻，这可能是世界上独一无二的奇观。

又一个百年之后的1997年，为了缅怀格兰特将军，当时的纽约市长朱利安尼来到这里。那时，刚好是格兰特将军陵墓建立一百周年，也是小孩去世两百周年的时间，朱利安尼市长亲自撰写了这个动人的故事，并把它刻在木牌上，立在无名小孩陵墓的旁边，让这个关于诚信的故事世世代代流传下去。

诚信是人内心升起的太阳，可以照亮自己，也可以温暖别人。诚信是你人生的通行证，也是一笔无形的资产。

当今世界，有许多知名的大公司都把诚信当作自己的品牌，比如肯德基国际公司，他的子公司遍布全球60多个国家，达9900多个。他们对顾客承诺是"绝对的新鲜和卫生",公司要求每日卖剩的食物都要倒掉,清洁卫生每隔 3 小时做一遍。然而,肯德基国际公司在万里之外又怎么知道下属能否照章办事呢?

一次,上海肯德基有限公司收到了 3 份总公司寄来的鉴定书,对他们外滩快餐厅的工作质量分 3 次鉴定评分,分别 83、85、88。公司中外经理都为之目瞪口呆。正因为有这样的诚信度,肯德基才成为了世界知名企业。

施密特先生曾这样说过:"如果还没有找到其它的美德的话,那我们可以在诚实的品质和名声方面进行投资,以此作为最好的发财致富的门路。"

"我拥有一家卖针线的店铺,店里的生意很好,但是我没有很多资金,所以我发现要想赚到预期利润非常困难。一次我听人说有人想以比较低的价格转让一批商品,于是,我写信给那人问他是否可以把他的商品转让给我,但是他拒绝了我的建议,为什么呢?因为他说我出的价太低。但是,他说,如果他觉得我的店经营得当的话,他还可以考虑把这批货转让给我,因为他考虑到如果我们能够达成这批交易的话,以后还可以有经常性的业务往来。

"然后,到了昨天,那位先生来到我的店里,对我说:'施密特先生,我怎么相信你的话呢?'我当时心里想的是,因为他有一批很好的货物要出卖,所以我一定得给他留下点好印象。我不敢告诉他,我店里的现金已经不足 1000 美元了,于是我就告诉他:'你看来是不相信我的店里还有 3000 美元,是吗?''是的,根本不可能。'他说。'是的,我根本就没有那么多现金,我的资金只有 1000 美元。'我索性说了大实话,因为我不想做一个撒谎的人,因为我觉得应该像乔治·华盛顿一样,当他用小斧子砍断了他父亲那心爱的樱桃树时,根本就没想到还要去向他的父亲撒谎。

"'很好,'这位先生说,'我想告诉你的是,这些货物可以归你。'然后,他从他的胳膊底下抽出一个很大的黑提包,说:'我以3000美元的价格把我的货物卖给你。'我问他,这是怎么回事。他说,虽然我暂时不能给他现金,但是他觉得我是一个诚实的人,我可以先付他1000美元,剩下的钱可以等我有钱以后再还他。"

这就是诚实品质的巨大力量。所以与其整天祈祷上帝赐予你改变命运的力量,倒不如先学会做个诚实的人。

二

诚信是沟通人与人之间心灵的桥梁,是人们的立身之本,是中华民族的传统美德。如果我们把人生比作是一列奔驰的列车,那么诚信便是必不可少的轮子;如果说人生是一艘航行中的大船,那么诚信便是必不可少的帆;如果说人生是一次旅行,那么诚信便是那必不可少的背囊,它将始终随你前行。

"人无信不立"。做人要做到讲诚信,这是一个基本的原则。对自己说过的话、许过的承诺承担责任和义务,言必有信,一诺千金。如果在履行诺言的过程中,情况有变,以至无法兑现,要如实向朋友说明情况并致歉意。朝三暮四式的狡诈、信口开河的承诺、不计后果的发誓,最终必然会失信于人,这样不仅显示其人格卑贱、品行不端,而且是一种只顾眼前不顾将来,只顾短暂不顾长远的愚蠢行为,最终将一事无成。

荀子说:"人无礼则不生,事无礼则不成,国无礼则不宁。"人是一个复杂的群体,彼此之间要充满友爱和诚实。

信守诺言,即使遇到某种困难也从不食言;自己说出来的话,要竭尽全力去完成,身体力行是最好的诺言。

做人要诚信,对待自己的孩子也是如此。诚信是一个人最低的道德底线，也往往是人们最难坚守的底线。

　　每个人都应该做到诚实守信，但也要辨别那些表里不一致的人。事实上，一个人是否诚信，是否表里不一，通过它的生理状态就可以看出来。

　　你或许有过不信任某人的经验，却又说不出怀疑的理由；虽然你认为他说的很有道理，但是就不愿相信他的语。这种情形是因为你的潜意识接收到你的意识所没有收到的信息。

　　例如，当你问某人一个问题，他或许会说："是！"但同时却摇头做出"不"的表示；或者他会说："我应付得了。"但眼睛却注视着地面，你可以意识到他其实是在说："我应付不来。"一方面他希望能做到你对他的期望，但在另一方面，他又知道自己做不到。这种同时进行两方面的举动，就是不一致，虽然嘴里说的是一回事，但举止上却是相反的表示。如果有人告诉了你一个确实的消息，但是说话的语气却有点闪烁，而举止、神色也有点不自然，那么他就是表里不一。

　　如同你告诉自己："是的，我认为我是该这么去做。"但是在举止上却显得有些犹豫或不情愿，请问你的脑子会得到什么信号呢？用看电视来比喻，你就能很快地明了。当画面因干扰而跳动时，你能看见清楚的图像吗？同理，当身体提供给脑子的信号微弱或矛盾时，脑子就得不到清楚的指示，不知何去何从了。所以通过辨识一个人的生理状态，可以知道他是否表里不一。

　　卡耐基在上课或与人交谈时，他绝对是以他的言辞、语气、呼吸和整个身心来表达出自己所坚持相信的理念。自己让自己的神情举止完全与自己所说的一致，使自己的脑子所接收的信号就是自己所表达的，让自己的心随着自己的话而行。

三

社会中，人与人之间存在着错综复杂的利害关系。正因如此，人们之间少了真诚、坦率，多了虚伪、矫情。在这一背景下，如果我们本着真诚的态度为人处事，就容易获得他人的信任和支持。所以，我们不能因为外部世界的伪善而主动放弃真诚对待他人的做法，反而要以真诚换取人心，精诚所至，自然水到渠成。

罗曼·罗兰说："没有人可以指导你的人生。人生就像在波涛汹涌大海里航行的一叶扁舟，舟上的乘客只有你一个人，你必须自己把握小船的航向，人生的航向永远都可以用诚信来把握。有了诚信，你的小船才不会被金钱、荣誉的海浪吞没。"

诚信的人是最有魅力的人。他把自己最真实的一面袒露给别人，不需要、也不属于任何掩饰和保护。诚信的品德是不需要任何额外包装的，诚信的人是勇敢的、真真切切的，他们表达着自己的朝气，展现着年轻不怕失败的气势。

对一个人来说，诚实守信既是一种道德品质和道德信念，更是一种崇高的人格力量。

那么，中小学生如何做到诚实守信呢？

第一，培养自己的责任感。有的人为什么说话很随便？就是因为缺乏社会责任感，不会设身处地为他人着想。

比如，答应了他人三点钟约会，四点还不到，一点都不考虑对方是多么的焦急，不考虑浪费他人的时间，甚至还认为这是"小事一桩"，无所谓，这就是无责任的表现。

一定要加强责任意识的培养，人是一个社会的人，你的任何社会活动都在表现着一种对他人、对集体、对社会的一种责任。为什么做人做事一定要"言必信，行必果"？因为只有这样，人才能有所进步。因此要做到讲信义，就必须加强做人的责任感。

第二，自己对他人作出的承诺要三思而后行，要考虑到它的可行性。有许多诺言是否能兑现得了，不只是决定于主观的努力，还有一个客观条件的因素。

有些照正常的情况是可以办到的事，后来因为客观条件起了变化，一时办不到。这是常有的事。因此，我们在生活中，不要轻率许诺，许诺时不要斩钉截铁地拍胸脯，应留一定的余地。

有些人口头上对任何事都"没问题"、"一句话"、"包在我身上"，一口承诺。可是，嘴上承诺，脑中遗忘，或脑中虽未遗忘，但不尽力，办到了就吹嘘，办不到就噤若寒蝉。这种把承诺视作儿戏，是对朋友的不负责行为，迟早得为人所抛弃。

一旦许下诺言，就一定要努力实现，即使需要付出一定的代价，也要去实现它。的确是非人力之所能为的，就一定要放下面子，及时诚恳地说明情况，以免造成误会。

对每一件承诺，无论大小事，都要完成诺言。守不守信用，讲不讲信义，是一个人具不具备良好人品的表现，而它的形成不是随随便便的，而是在生活实践中慢慢形成的。

第三，家长、老师不仅要引导孩子诚实守信，还要做好表率，对于孩子的不诚信行为要予以适当的惩罚。孩子的不诚信的行为并不是天生的，而是由后天的某种需要引起的，比如为了满足吃的需要、玩的需要甚至是为了逃避受批评、受惩罚。

从心理学来看，这些孩子的道德意识和道德行为的发展是紧密相连的。道德意识决定着道德行为，道德行为又反过来体现着道德意识。但是，由于这个年龄段的孩子认识水平跟不上道德行为，常常会造成认识和行为的脱节。许多人明知自己的行为是不对的，但由于意志力薄弱、自制力不强无法控制自己的行为，造成他们说话不算数，答应人家的事却又不做。

因此，家长、教师对于孩子经常出现言行不一、不履行诺言的行为，应该加强引导，并实行适当惩罚措施。也可以通过名人故事教育他们，通过自己的行为影响他们，从小养成孩子的诚信习惯。

一位西方著名哲人说："坚守信用是成功的最大关键。"一个人要想赢得他人的信任，一定要守信用。

诚信是人性一切优点的基础，世界上才华横溢的人并不罕见，但是，才华出众的人不一定成功。只有诚信的人才更容易成功。诚信这种品质比其他任何品质更能赢得尊重和尊敬，更能取信于人。诚信是立身之本，是一个人最宝贵的财产！

第五节　赞美

赞美是美德的影子。（塞·巴特勒）

认可、赞美和鼓励，能使白痴变天才，否定、批评和讽刺，可使天才成白痴。

放弃狭隘的眼光，走出孤芳自赏的怪圈，学会欣赏他人，懂得欣赏他人，你会感到生活多姿多彩。请相信所有人都重要，请记住每个人都有值得赞美的地方。

一

洛克是康涅狄格州的律师。有一天，他驾着汽车陪太太去长岛拜访亲属。他太太留下他陪老姑妈闲谈，自己看别的亲属去了。

于是，洛克就走到姑妈身边，问她说："这栋房子是1890年建造的，是吗？"

"是的，"姑妈回答，"正是那年造的。"

他又说道："这使我想起自己出生时所住的房子，这两栋房子都一样的美丽、结实。现在的人们都不讲究这些了。"

"是的，"姑妈点点头说，"现在的年轻人，不讲究房子的美观了，他们只需要一间小公寓，一台电冰箱，再买辆汽车就能过日子了。"

姑妈怀着追忆的心情继续说道："这是一栋理想的房子，它完全是用爱所建成的。我和丈夫曾梦想多年，一直到中年才实现了这个梦想。我们没有请建筑师，完全是自己一手设计。"

姑妈边说边领着洛克四处参观房子，并向洛克展示她这一生收藏的各种珍品，如法国式的床椅、古老的英国茶具、意大利的名画，甚至还有一幅在法国宫廷里的帷幔。

洛克满怀真诚，热情地赞美了这些藏品。

最后，姑妈带着洛克来到了车库，指着里面一辆保存得很好的卡迪拉克轿车，说："这部车是我丈夫去世前不久买的，自从他去世后，我就再也没坐过。你很有品位，懂得欣赏美丽的东西，我要把这部车子送给你。"

洛克听了，颇感意外，赶忙辞谢说："姑妈，我感谢你的好意，可我不能接受。我自己已经有了一辆崭新的车子。你有那么多亲戚，相信他们会喜欢你这部车子的。"

"亲戚?"姑妈提高了声音说，"是的，我有很多亲戚，他们都希望我能早点离开这个世界，这样他们就能得到这部车子了。很可惜，他们永远都得不到。"

洛克又说："姑妈，你不愿意送给他们，还可以卖掉啊。"

"卖掉?"姑妈叫了起来，"我怎么会卖掉这部车子? 你认为我会忍心看一个陌生人驾着这部车子吗? 这是我丈夫特地买给我的，我做梦也不会想要去卖掉它。我愿意把它交给你，是因为你懂得欣赏美丽的事物。"

真诚的赞美，就如同在沙漠中见到一泓清泉，有时甚至能给你带来意想不到的惊喜。

人性中最本质的愿望，就是希望得到赞美。当别人遭到失败的时候，不要去责备他，因为他已经在自己心里责备自己；相反，在此时给予他鼓励和赞美，发现他的优点，那将是对他最大的安慰。

在某些时候，表扬比批评更有效，更能让人保留面子，从而更能激发人的积极性。

约翰·卡尔文·柯立芝于1923年登上美国总统的宝座。

这位总统以少言寡语出名，常被人们称作"沉默的卡尔"，但他也有出人意料的时候。

柯立芝有一位漂亮的女秘书，人虽长得不错，但工作中却常粗心出错。一天早晨，柯立芝看见秘书走进办公室，便对她说："今天你穿的这身衣服真漂亮，正适合你这样年轻漂亮的小姐。"

这几句话出自柯立芝口中，简直让秘书受宠若惊。柯立芝接着说："但也不要骄傲，我相信你的公文处理的也能和你一样漂亮的。"果然从那天起，女秘书在公文上很少出错了。

贝特富德是帮助老洛克·菲勒创建标准石油公司的老同事之一。但在一次经营活动中，他由于急功近利，导致投资失败。

然而他却没有想到，洛克·菲勒非但没有责怪他，反而对他的失败进行了一番赞赏。

他回忆说："那一天下午，我正在路上走着时，看到了洛克·菲勒先生就在我身后的不远处。但我并不想停下，也不想回头。说句实话，我实在不愿意向他描述这次我在南美投资失败的经过。可是他却叫住了我，我没办法，只好停了下来。"

"没想到，洛克·菲勒先生走过来后，非常友好地在我的背上拍了一下，然后说：'你干得好极了，我的老伙伴！哦，我刚刚听说了你在南美的事情。'我心想，他一定是在嘲讽我，接下来，他一定还会责怪我。于是，我决定还是由我自己来说为好。'这实在是一次惨败，简直糟透了！'我沮丧地说，'尽管我们后来尽力作了补救，可仍然只收回了60%的投资。'

"'就是因为这一点，我才觉得你干得真棒！'他说，神情十分真挚，'我本来以为会血本无归的，真亏得你处置果断、及时，才出乎我意料地替我们保住了这么多的投资。真的，贝特富德，你能干得这么出色，真是难能可贵啊！'

"他就是这么赞赏我的。这是我一生中所得到的最好的安慰，它不仅使我的精神重新振作起来，而且还大大增强了我的自信心。"

尽量转变自己的心态，试着去了解别人，而不要用责骂的方式！尽量设身处地去想一想：他们为什么要这样做。这比起批评责怪还要有益、有趣得多，而且让人心生同情、忍耐和仁慈。

英国前首相丘吉尔说："你想要人家有怎样的优点，那你就怎样去赞美他吧。"

获得别人真诚的赞美，是人类普遍的愿望。而现代医学告诉我们：当人们受到别人的赞美时，会增加荷尔蒙的分泌，使人的心情显得格外的愉悦。因此，在与人交往的过程中，掌握赞美的技巧能帮助我们带来意想不到的沟通效果。

安德鲁准备修建一座办公楼，但是还差300万美元的资金。

他先后到多家银行贷款，都没有成功。后来，安德鲁决定改变行动策略。

不久，安德鲁又约到一家银行的主管。

在饭桌上，银行主管对安德鲁说："在这儿我们不方便谈，明天到我的办公室来谈吧。"

　　第二天，两个人一见面就展开了深入的沟通。当安德鲁断定该银行很有希望给他抵押借款时，他说："好极了，唯一的问题是今天我就想拿到贷款。帮我想想办法吧！"

　　银行主管有点吃惊："你一定在开玩笑吧，我们从来没有一天之内就能办妥这种事情的先例。绝对不可能，你要理解我们的工作。"

　　安德鲁并没有放弃，他把椅子拉近一些，然后诚恳地说："你是这个部门的主管。也许你应该试试看，你有没有足够的权力把这件事在一天之内办妥？这会是一个好机会！"

　　银行主管虽然还有些犹豫，但是已经微笑起来："你这是给我加压呀！不过，还是让我试一试看。"

　　后来，这个银行主管大胆尝试了一下，结果把自己认为不能办到的事情办到了。

　　就这样，安德鲁最终拿到了贷款，解决了自己的燃眉之急。

　　每个人对他人都有一种心理期待，希望得到尊重，希望自己应有的地位和荣誉得到肯定和巩固，这就需要得到别人恰如其分的赞美。安德鲁把对方标榜为能力上的"超人"，无形中提升了对方的自信心，结果就激发了这位银行主管把事情办好的决心。

　　这里需要指出的是，一提起赞美别人，人们往往想到"恭维"、"吹捧"，甚至与巴结讨好、阿谀奉承联系起来。不可否认，它们都存在某种共性，但是，赞美别人确实是建立良好合作关系的需要，是协调人际关系的技巧。真诚地赞美别人，别人因你赞美而深受鼓舞，你被对方愉快的表情所感染而获得一份好心情，彼此必然会在愉悦、融洽的气氛中拉近距离，增进友谊。这就是赞美的力量，赞美的价值所在。

二

美国一位资深的人力资源经理说过："世界上有两件东西比金钱更为人们所需，即认可与赞美。"

从心理学的角度来看，得到他人赞美可以使我们的心灵获得阳光般的温暖，成为调节彼此关系的润滑剂，使彼此的关系更加和谐。这提醒我们在与人交往的过程中，要注意表达自己赞美的言辞，赢得对方的亲近和感激。

一句简单的赞美之辞，能够产生巨大的力量，这种沟通策略值得每个人重视。

生活需要赞美。一句赞美的话，能让一个困顿中的人精神振奋，继续踏上坎坷的道路。

同样，一句尖刻的批评，会使一个进取中的人心灰意冷，陷入绝望的境地。

学会使用赞美，对生活是有益处的。对个人，也能产生帮助。因为，赞美了别人，别人也会适时地回报你。

詹尼特·格雷厄姆作为一名见习服务员，在熙熙攘攘的纽约杂货商店里忙活了整整一天，累得精疲力竭。

他的帽子歪向一边，围裙上沾满了点点污渍，双脚越来越疼，装满货物的托盘在手中也变得越来越沉重。

他感到疲倦和泄气：看来自己似乎什么也干不好。他好不容易为一位顾客开列完繁琐的账单：这家人有好几个孩子，他们几次三番地更换冰激凌的订单，他真的准备撂挑子了。

这时候，这一家人的父亲一面递小费给詹尼特，一面笑着对他说："干得不错，你对我们照顾得真是太周到了！"

突然之间，詹尼特的疲倦感就无影无踪了，对顾客回报以微笑。

后来，当经理问到他对头一天的工作感觉如何时，他回答说："挺好！"

生活中，这样的事情比比皆是。赞美别人让你更受欢迎，拥有更多的朋友。有更多的人愿意和你相处，有更多的人愿意帮助你，你更容易获得成功。

那么，我们如何才能做到恰如其分地赞美别人呢？

第一，赞美要出自真心，情真意切才有魅力。

第二，当面称赞。当面称赞他人是一种博取他人好感和维系好感最有效的方法。

美国前总统威尔逊在竞选民主党总统候选人的时候，曾经成功应用赞美他人的方法。

有人公开了威尔逊多年以前所写的一封信。在那封信里，他表示要将某议员打压得一塌糊涂。

在信件公布不久以后，在华盛顿的某一场宴会中，那位议员也在座，威尔逊在他的演说辞里，对那位议员的品格和他所以博得名誉的缘由赞誉备至。

过了不久，威尔逊又和该议员碰面了，那位议员与原来判若两人，对威尔逊十分热情，并在竞选中支持了威尔逊。

可以说，当面赞美他人是博得他人好感、获得他人赞同的一把金钥匙。当面把赞扬送给别人，就像把食物施给饥饿的乞丐。在许多时候，它就像维生素，是一种最有效果的食物。

无论如何，人总是喜欢别人奉承的。有时，即使明知对方讲的是奉承话，心中还是免不了会沾沾自喜，这是人性的弱点。换句话说，一个人受到别人的夸赞，绝不会觉得厌恶，除非对方说得太离谱了。

第三，尽量少批评、多表扬。一些学习成绩差的孩子，因为教师无意中的一句赞美而变得勤奋好学的例子俯拾皆是。

保罗·丹德里奇在美国国家教育学会的期刊上发表文章说："教师不应在学生的作文本上划满批评的标志，应当找一两处体现学生优点的地方，进行表扬。这样学生的积极性会更大地被调动起来。"

赞扬之所以会有这样积极的效果，是有心理学基础的。心理学认为，如果一个行为总是迅速产生一个愉快的结局，那么任何人都倾向于重复这个行为。为了证实这一点，行为科学家们已经进行了不计其数的实验。

在一项实验中，若干名宾夕法尼亚州哈里斯博格的小学生被分为三组，并连续五天每天进行算术测验。一组学生自始至终总是得到老师对他们前次测验成绩的表扬，另一组一直得到批评，而对第三组却采取不闻不问的态度。

不出所料，一直得到表扬的学生成绩大大提高；受到批评的学生也有所改进，但不大明显；而被忽视不理的学生，他们的分数几乎毫无长进。令人感兴趣的是，最聪明的孩子无论受到表扬还是批评都能有所进步，而学习能力差一些的学生则对批评的反应不佳，他们需要以表扬为主。

心理学家们的这个实验，充分说明了赞扬的力量。

第四，经常公开称赞他人。公开称赞他人，能使他人获得更多的满足感，对你更加热情。赞美与你交往的每个人，称赞他们的想法、建议和聪明才智。这样，你会获得他们的合作、忠诚和支持。如果对同学说："真诚感谢你的合作，你做得太棒了。"那么，他会乐意和你进一步合作，并在合作中做得更好。通过公开赞美别人，你会获得更多人的认可，大家会认为你是一个心胸开阔的人。同时，赞美他人的同时，你也会获得他人的赞美，自己也能更好的学习、生活。

第五，赞美要有创意，要善于发现别人身上的闪光点，尤其是一些其他人难以发现的优点。

陈词滥调或者不着边际的赞美只会惹人生厌。赞美的直接目的是让对方高兴，如果你不低估人家的智力的话，赞美的话也得有新意才成。

一位将军听到别人称赞他美丽的胡须，大为高兴。奇怪的是，他对于有关他作战方式的赞誉却不放在心上。这是为什么呢？不少人赞美过这位将军的英勇善战及富于谋略的军事才干，但是作为一个军人，不论人们在这方面怎样赞美他，也只是赞歌中的同一支曲子，不会使他产生自豪感。然而，如果对他军事才能以外的地方加以赞赏，等于在赞词中增加了新的条目，他便会感到满足。

每一个人都会有许多优点，在生活中，不仅不能只盯着别人的缺点，也不能只盯着某个或某两个优点，要全面的认识他人，才能发现他身上的其它优点。

另外，赞美要因人而异，因不同的环境选择相应的赞美方式。如对于年老的人，应该多用间接、委婉的赞美语言；对于年轻的人，则可以使比较直接、热情的赞美语言。对于不同类型的人，赞美的方式也应不同。例如面对严肃型的人，赞语应自然朴实，点到为止；对于虚荣型的人，则可以尽量发挥赞美的作用。

第六，避免赞语引起别人误解。

一个男青年晚上在饭店碰到一位认识的女士，她正和一位女伴在用餐。两位女士刚听完歌剧，穿戴漂亮。这位男青年不觉眼前一亮，很想恭维一下对方："噢，康斯坦泽，今晚你看上去真漂亮，很像个女人。"可对方却并不领情，而是面露愠意："我平常看上去什么样呢？像个清洁工吗？"

所以，在表扬或称赞他人时要谨慎小心，要注意我们的措辞。

列举对方身上的优点或成绩时，不要举出让听者觉得无足轻重的内容。

你的赞扬不能暗含对对方缺点的影射。比如一句口无遮拦的话："太好了，在一次次半途而废之后，您终于大获成功了一回！"

不能以你曾经不相信对方能取得今日的成绩为由来称赞他。比如："我从来没想到你能做成这件事"，或是"能取得这样的成绩，你恐怕自己都没想到吧。"

第七，赞美也要适度。赞美不是好话连篇乱说一通，那样听的人也会不舒服，结果只会适得其反。言不由衷的赞美是一种谄媚，只会招来厌恶；过了头的赞美就成了奉承，不但收获不到交际成功的微笑，反而会陷入尴尬的境地。

赞美有一种神奇的力量，可以使被赞美的人奋发向上、积极进取。真诚的赞美与鼓励，能满足人的荣誉感，令他终身难忘。

生活中处处有值得赞美的地方，任何人都有他的优点和长处。虽然他可能没有漂亮的容貌，但是却有着"优雅的气质"和更为重要的"善良的心灵"；做工不甚讲究的衣服，也许质地优良；事业不很顺心的人，可能有着完美的令人羡慕的家庭……总之，只要你愿意，并且以真诚之心去发现，一个人总会有值得你赞美的地方的。

毫不吝惜地赞美是尊重别人的一种表达方式，更是一种建立良好人际关系的重要方法。所以，我们要尽可能在平日里多留意别人的优点和价值，欣赏他人、赞美他人。

第六节　感恩

做人就像蜡烛一样，有一分热，发一分光，给人以光明，给以温暖。（萧楚女）

喝水不忘挖井人。学会感恩，你会发现生活中处处充满感动！

一

感恩是一个正直的人的起码品德。感恩之心是每个人生活中不可或缺的阳光雨露。无论你地位尊贵还是卑微，无论你有着怎样特别的生活经历，只要你胸中常怀一颗感恩的心，随之而来的，就必然会是诸如温暖、自信、坚定、善良等等这些美好的处世品格。自然而然，你的生活中便会充满了幸福和满足。拥有感恩的心，会让我们多一些宽容和理解，少一些责备与推托；多一些和谐与温暖，少一些争吵与犯忌。

在一个闹饥荒的城市，有一个心地善良的面包师，家境比较殷实，看到城里这么多人连饭也吃不上，决定做点善事。他把最穷的几十个孩子聚集到一块，然后拿出一个盛有面包的篮子，对他们说："这个篮子里的面包你们一人一个。在上帝带来好光景以前，你们每天都可以来拿一个面包。"

瞬间，这些饥饿的孩子仿佛一窝蜂似的涌了上来，他们围着篮子推来挤去大声叫嚷着，谁都想拿到最大的面包。当他们每人都拿到了面包后，竟然没有一个人向这位好心的面包师说声谢谢，就走了。

但是有一个叫依娃的小女孩却很例外，她既没有同大家一起吵闹，也没有与其他人争抢。她只是谦让地站在一步以外，等别的孩子都拿到以后，才把剩在篮子里最小的一个面包拿起来。她并没有急于离去，她向面包师表示了感谢，并亲吻了面包师的手之后才向家走去。

第二天，面包师又把盛面包的篮子放到了孩子们的面前，其他孩子依旧如昨日一样疯抢着，羞怯、可怜的依娃只得到一个比头一天还小一半的面包。当她回家以后，妈妈切开面包，许多崭新、发亮的银币掉了出来。

妈妈惊奇地叫道："立即把钱送回去，一定是揉面的时候不小心揉进去的。赶快去，依娃，赶快去！"当依娃把妈妈的话告诉面包师的时候，面包师面露慈爱地说："不，我的孩子，这没有错。是我把银币放进小面包里的，我要奖励你。愿你永远保持现在这样一颗平实、感恩的心。回家去吧，告诉你妈妈这些钱是你们的了。"她激动地跑回了家，告诉了妈妈这个令人兴奋的消息，这是她的感恩之心得到的回报。

感恩，不是为求得心理平衡的片刻答舟，而是发自内心的永恒回报。感恩，是一种美德，是一种境界。那些懂得感恩的人，总会被生活、被命运所眷顾。感恩，不一定非得是那种惊天地泣鬼神的大事，感恩是一种生活态度，它是一种善于发现生活中的感动，并能享受这一感动的思想境界。

一天，一个贫穷的小男孩为了攒够学费正挨家挨户地推销商品。可他今天很不走运，劳累了一整天，也没有卖出去一件商品。此时的他饥渴难耐，但摸遍全身，却只有一角钱。

这怎么办呀？这一角钱连半个面包也买不到。

于是，他决定向下一户人家讨口饭吃。当一位美丽的女孩打开房门的时候，这个小男孩却因为自尊，变得有点不知所措了，他没有要饭，只乞求给他一口水喝。这位女孩看到他很饥饿的样子，就拿了一大杯牛奶给他。

男孩慢慢地喝完牛奶，问道："我应该付多少钱？"年轻女孩回答道："一分钱也不用付。妈妈教导我们，施以爱心，不图回报。"男孩说："那么，就请接受我由衷的感谢吧！"说完男孩离开了这户人家。

此时，他不仅感到自己浑身是劲儿，而且还看到上帝正朝他点头微笑。其实，男孩本来是打算退学的。但由于女孩这个无意的举动，他对生活又重新充满了希望。

数年之后，那位年轻女孩得了一种罕见的重病，当地的医生对此束手无策。最后，她被转到大城市医治，由专家会诊治疗。当年的那个小男孩如今已是大名鼎鼎的霍华德·凯利医生了，他也参与了医治方案的制定。当看到病历上所写的病人的来历时，一个奇怪的念头霎时间闪过他的脑海。他马上起身直奔病房。来到病房，凯利医生一眼就认出床上躺着的病人就是那位曾帮助过他的恩人。他回到自己的办公室，决心一定要竭尽所能来治好恩人的病。从那天起，他就特别地关照这个病人。经过艰辛努力，手术成功了。凯利医生要求把医药费通知单送到他那里，在通知单的旁边，他签了字。

当医药费通知单送到这位特殊的病人手中时，她不敢看，因为她确信，治病的费用将会花去她的全部家当。最后，她还是鼓起勇气，翻开了医药费通知单，旁边的那行小字引起了她的注意，她不禁轻声读了出来：

"医药费——一满杯牛奶。霍华德·凯利医生"

感恩不仅仅是感谢他人的帮助，还应该感谢你生命中的一切，感谢生活、感谢阳光、感谢你身边的每个人。感恩的生活，要求我们对他人施予善行，因为帮助别人是一种感恩，同时它也是在帮助自己，当我们为别人付出的时候，本身也能够体验到生命的快乐和富足。

一次美国前总统罗斯福家失盗，被偷去许多东西，一位朋友闻讯后，忙写信安慰他，劝他不必在意，没想到罗斯福在回信中竟然写道："感谢上帝，因为第一，贼偷去的是我的东西，而没有伤害我的生命；第二，贼只偷去我部分东西，而不是全部；第三，最值得庆幸的是，做贼的是他而不是我。"

对每个人来说，失盗绝对是不幸的事，而罗斯福却找出了感恩的三条理由。

如果我们每个人都能像罗斯福一样懂得感恩，人生之路将是一片辉煌！

二

如果一个人对生活怀有一颗感恩之心，即使遇到再大的灾难也能熬过去。感恩者遇上祸，祸也能变成福，而那些常常抱怨生活的人，即使遇上了福，福也会变成祸。

在一片沙漠中，有两个迷途的旅人，他们已经走了很多天了。在他们口渴难忍时，终于碰见一个骑骆驼的老人，老人给了他们每人半碗水。两个人面对同样的半碗水，一个抱怨水太少，不足以消解身体的饥渴，抱怨之下顺手将半碗水泼掉了；另一个人也知道这半碗水不能完全解除身体的饥渴，但他却拥有一种发自心底的感恩，并且怀着这颗感恩的心将那半碗水喝了下去。最终，前者因为拒绝半碗水渴死在沙漠中，后者因为喝了这半碗水，终于走出了沙漠。

感恩，是一种人生态度。学会感恩生活，将会使我们的人生境界大不相同。拥有一颗感恩的心，不仅能收获快乐，还可以在与人交往、处理各种事务的过程中左右逢源。比如，与陌生人打交道，人们总是抱有很高的警惕心，结果这会拉大彼此的心理距离。而以感恩的心态来交往，则能消除隔阂，获得和谐的局面，收获快乐和成功。面对种种不圆满的状态，时时怀有一种感恩的心，就会使自己远离不必要的烦恼，处在超脱、自然的状态中，自然能够享受到难得的快乐。比如，在得到身边的人的帮助时，表达衷心的感谢，内心会收获幸福的温暖，也会给对方提供一份快乐和喜悦。在生活中享受他人提供的便利、关爱时，学会发自内心的感恩，你将会发现人生是如此美丽。

感恩是一种处世哲学，是生活中的大智慧。你感恩生活，生活将赐予你灿烂的阳光；你不感恩，最终可能一无所有！每个人都应该有一颗感恩的心，爱自己，也爱别人。拥有一颗感恩的心，你就会发现：这世界是多么美好。

感恩是认定别人帮助的价值，从而达到彼此感情交流的一种有效手段。当别人为你做某些事情后，你应该表示感谢；当别人给予你关心、安慰、祝贺、指导以及馈赠时，你应该表示感谢，别人为你做事而未成功，但那份情意也值得你感谢。

上天给予我们生命，赋予我们美丽的世界，让我们享受美好人生；它赐予我们健康的身体，让我们在大地上自由驰骋；它赐给我们明亮的双眼，让我们看到海的辽阔，山的巍峨，天的蔚蓝……，我们应该感谢。

感激绊倒你的人，因为他强劲了你的双腿；

感激伤害你的人，因为他磨炼了你的心志；

感激蔑视你的人，因为他觉醒了你的自尊；

感激欺骗你的人，因为他丰富了你的智慧；

感激遗弃你的人，因为他教会了你的独立……

凡事都应该学会感恩。感恩是一种文明，感恩是一种素质，感恩是一种品质。人有了感恩之心，人与人、人与自然、人与社会也会变得更加和谐，更加亲切。我们自身也会因为这种感恩心理的存在而变得愉快和健康起来，生命将得到滋润。

没有阳光，就没有温暖；没有雨露，就没有五谷的丰登；没有水源，就没有生命；没有父母，就没有我们自己；没有失败，就没有成功的快乐……转换一下视角，以感恩的心态思考眼前的事物，人生将大不相同。

三

爱因斯坦说："请记住，人是为别人而生存的，我们的精神生活和物质生活都依赖着别人的劳动，我们必须以同样的分量来报偿我们所领受了的和正在领受的东西。"因此，我们不要把自己得到的一切视为理所当然，那样，我们就会变得冷漠，也不懂得去珍惜。只有知道别人的恩情并懂得感恩的人，才能收获更多的人生幸福。

那么对于中小学生来说，该如何培养他们的感恩之心呢？

第一，中小学生应该主动学会感恩，学会表达感恩。

我们每位学生都应该学会感恩，因为爱是一种双向的给予和得到，是一种互相的关心和信任。也许现在你能为父母以及老师，身边人做的很少。但是也可以从小事表达自己的感恩之情。上学离家时说："爸爸妈妈，我走了，再见！"放学回家见到父母时说："爸爸妈妈，我回来了。"向老师问好，说："老师辛苦了。"吃好东西时，能让爷爷奶奶、爸爸妈妈先吃。当然，可以每次都给父母、长辈一个拥抱，在家做力所能及的事情等等。

第二，家长、老师要对孩子进行引导和感恩教育。

首先，让孩子了解别人对自己的爱护。让孩子从小知道妈妈10月怀胎的艰辛，知道父母的养育之恩。让孩子知道老师教育他们所付出的艰辛和汗水。其次，给他们讲述感恩的故事。通过中国传统文化中倡导的"滴水之恩，当涌泉相报"思想，常给孩子讲些感人的故事，唤起他的感激意识。如"谁言寸草心，报得三春晖。"最后，让孩子体会被感谢的快乐。让孩子帮你做一件他力所能及的事情，也可以让孩子去帮助身边可以帮助的人。让孩子在帮助别人并得到别人感谢的同时，感受到快乐。如果被帮助的人没有回应，孩子虽然会很失望，但这种失望的经历正好可以提醒他，如果有人帮助了他，那么一定要说"谢谢"。

感恩能让我们用平常心看待一切挫折、磨难，让自己很快找到心里的平衡点，随时拥有一份快乐的心情！为什么一些富有的人天天生活在烦恼之中，而有的贫穷的人却很快乐，就是因为后者不会抱怨命运，而是对生活中的一食一饮，一布一衣，都能心存感恩之情。

心存感恩，知足惜福。感恩是调剂人生烦恼的一味良药。在漫长的人生道路上，永远需要一颗感恩的心，才能笑对失败，坦然面对挫折，避免陷入消沉、萎靡不振的状态中去。更重要的是，拥有一颗感恩的心，我们才能用"爱"观察周围的世界，发现生活中的美，感受人生的精彩！

第三章　学习中的积极心态

以一种积极的心态去学习，往往事半功倍。学习好的同学、人生路上的成功者往往具有积极的学习心态。本章为同学们介绍几种学习中应该具有的积极心态。

第一节　为了自己而学习

把学问过于用作装饰是虚假，完全依学问上的规则而断事是书生的怪癖。（培根）

学习是每个人自己的事。只有抱定为自己而学习的心态的人，才能不受学习中的挫折影响，才能不断的充实自己，为自己的未来打下坚实的基础。

一

贝恩做了一辈子的木匠工作，并且以其敬业和勤奋深得老板的信任。年老力衰之时，贝恩对老板说，他想退休回家和家人一起享受天伦之乐。

老板对此表示非常遗憾，为他将失去一个最好的木匠。于是老板提出了一个特殊的要求，希望贝恩再建造最后一座房子。

贝恩虽然不高兴，但还是答应了，可他心不在焉，偷工减料，以次充好，这是他职业生涯中最不负责任的建筑。

当贝恩终于对付着完工的时候，老板来了，并亲手交给他一把钥匙说："伙计，这是你房子，这是我送给你的礼物！"

贝恩呆住了，悔恨和羞愧溢于言表。他一生盖了无数的华亭豪宅，最后却为自己建了这样一座粗制滥造的房子。

贝恩的经历生动地说明了：你所做的努力并不完全是为了老板，归根结底你是在为自己工作。

但许多年轻人却是一踏入社会就缺乏责任心，以善于投机取巧为荣；老板一转身就懈怠下来，没有监督就没有工作；工作中不思进取，反而以种种借口来掩饰自己缺乏责任心……命运对于任何人来说都是公平的，多劳者多得，没有人能够不劳而获，坐等成功的降临。可以肯定的是，这些缺乏敬业精神的人，是无法取得真正的成就的。

在一个周末，有一位经理想要找一个临时速记员，于是他走进职员克里斯的办公室，请求他帮助自己，克里斯爽快地答应了下来，他说："今天是周末，公司里所有的速记员都去看球赛了，如果你晚来5分钟，我也走了。既然你确实很着急，我就帮你这个忙好了，反正球赛什么时候都能看。"

克里斯用了一个下午的时间，完成了经理交给的工作。

当经理拿到克里斯的文案时，很高兴地对他说："我会给你工钱的！要多少？"

这让克里斯感到有些意外，他原本没有指望要报酬的。于是克里斯开玩笑地说："500 美金吧。"

让克里斯感到意外的是，六个月之后，在他快要忘记这件事的时候，经理找到了他，不但给他送来 500 美元，还升了他的职位，薪水比他现在的工作高出 1000 多美元。

这就是积极工作所收获的回报！

真正的成功是属于那些善待自己工作的人，属于那些不论老板是否在办公室都会努力工作的人，这种人永远不会被解雇，他在任何地方都会受到欢迎，这个时代需要这种人才。

一个人如果抱有"为了自己而工作"的心态，他就会在工作中充分调动自己的积极心，自动自发地工作，把额外的工作视为机遇，并且拼命寻找"闲置"的工作，主动把这些工作做完，即使这些工作跟他没有丝毫的关系。

对于社会工作者是这样，那么对于学习中的同学们呢？你是否有为父母而学、为老师而学的想法？你是否有消极学习的行为？你是否不断为自己不学习找借口？你是否不断地跟自己说："不学习，照样能有出息"？

如果你有这些想法的话，赶紧抛弃吧！你与学习不是一种简单的雇佣关系，做多做少，做好做坏对你的意义是十分巨大的。因为你的未来依赖于你今天学习了多少知识，尤其在这个知识经济时代。你没有意识到，自己在学习的同时，也是在为自己的未来打基础吗？当机遇来临的时候，没有知识，你有能力抓住它吗？

二

对于抱有这种为他人而学习态度的同学，该如何改变呢？

第一，正确认识学习这件事。它是你的本职工作，你必须做好。否则，社会这个"大老板"会把你开除的。

第二，学会对自己负责。

人生是一个过程，这个过程的伟大之处在于它的宽度，而不是它的长度。浑浑噩噩、碌碌无为地在世间逗留七八十年，其意义远不及为他人带来光和热的彗星般人物的一刹那。有人说每个人临世都只是一张白纸，然而在这张白纸上留下的是平淡无奇或是绚丽多彩，这需要每个人各自去权衡。时时对自己负责，你的人生才会有丰富的蕴涵。

首先，不要看轻自己。每个人都是这世间独特的一种存在，因此我们不必用惊羡的目光仰视他人，更不必对他人的某些成就顶礼膜拜。我们虽不及他人有着过人的智慧、成功的事业、显赫的地位，但我们也有自己的过人之处，比如我们善良，我们真诚。大多数人学习不好的原因在于，自认为自己在学习上永远比不过别人。其实，只要你一步一个脚印地前进，明天同样有无限多的可能。

雄鹰固然能搏击蓝天自由翱翔，但蜜蜂也能传播花粉使大自然五彩斑斓，果实累累；碧玉晶莹剔透，价值不菲，但沙砾也能垫基铺路，成就百丈高楼和平坦大道。世事就是这样，存在就有价值。看重自己，才能感受平凡的美好；看重自己，才能拥有旭日的温暖；看重自己，才能到达成功的彼岸。假如有人不看重、不信任你，你就更应该相信自己，看重自己，只要想着：努力就能成功。

众所周知，爱迪生刚在学校上了三个月的课，就被学校开除了。爱迪生从此失去了在校学习的机会，而他又很想学习。他不知道以后自己会成为发明家，只知道，在成长的道路上需要知识，于是他一边向妈妈学习，一边自己摸索，最后做出了电灯等一千多项发明。由于爱迪生为自己负责，所以他的前途充满了无限光明。

其次，时时审视自己。作为万物之灵的人与其他动物最根本的区别之处就在于人类有着独特的思想。正因为人们有着对生活的不断追问，才会在不断改进所处环境的同时，思索自身的不足之处，也正因为如此，人类社会的物质文明和精神文明才会不断向前发展。

时时保持对自己的清醒认识，才不会夜郎自大、忘乎所以，才不会怨天尤人、自暴自弃。审视自己，辩证地看待自己所经历之事，把每一次的失败都当成一次尝试。每天告诉自己："想要掌控自己的命运，从现在开始努力学习吧！"

最后，不断地完善自己。"穷则独善其身，达则兼济天下。"要做到"济天下"，必先做到"善其身"。人生本就是一个不断完善的过程，从牙牙学语到博学多能，从年少无知到心忧天下，人都是在不断的学习中得以完善自己的。努力增加自己的知识，改变自己的态度，培养自己坚强的品格等等。

完善自己，向自己的才能和潜力发出挑战，把昔日的成绩当作一个新的起点，把昔日的失败当成一次磨练，为自己的人生轨迹画一道完美的弧线。

人活在世上，就必须知道自己的责任所在，知道自己的方向所在，知道自己应该干什么。对于中小学生来说，现在的事情就是学习，为自己学习，对自己负责。只有这样，才会在人生这张白纸上绘上属于你的绚丽图案，才会在人生的旅途中谱写出无憾的乐章。

第二节　不断地补充能量

我学习了一生，现在我还在学习，而将来，只要我还有精力，我还要学习下去。(别林斯基)

终身学习是一个人应该树立的信念。只有不间断学习、不间断补充自己的能量，才能跟得上时代的步伐，让自己在未来立于不败之地。

一

我国古代著名哲学家老子说：“祸莫大于不知足。”也就是说，最大的灾祸就是不知足，所以知道满足的人才能得到满足。

知足是一种境界。知足的人总是微笑着面对生活。在知足的人眼里，世界上没有解决不了的问题，没有蹚不过去的河，他们会为自己寻找合适的台阶，而绝不会庸人自扰。知足是一种大度，大“肚”能容天下事，在知足的人眼里，一切过分的纷争和索取都显得多余，在他们的天平上，没有比知足更容易求得心理平衡了。知足是一种宽容，对他人宽容，对社会宽容，对自己宽容，这样才会得到一个相对宽松的生存环境。

但是人要“知足”，更要“知不足”。《礼记》有言：“学然后知不足，……知不足，然后能自反也。”大意是说，只有通过学习，然后才能了解自己的不足，知道了自己的不足之处，然后才能反过来努力学习。“知不足”表现了积极的进取精神、强烈的求知欲望和谦虚好学的态度。对学问、对事业要不断进取，永不满足。对于中小学生来说，不断补充能量更多的是指不断地学习。

英国科学家弗兰西斯·培根，就是一个能“知不足”，从而坚持终生学习的典范。

在培根12岁的时候，他就进入剑桥大学三一学院深造，在这期间他就对人们普遍接受的传统观念和信仰产生怀疑，开始独自思考、学习。三年以后，他作为英国驻法国大使艾米阿斯·鲍莱爵士的随从旅居法国两年半。他一个人几乎走遍了整个法国，走到哪儿就学到哪儿，不断地接触新鲜事物，接受各种各样的新潮思想。

回到英国后，培根进入葛莱法学院攻读法律，经过努力取得了律师资格，后来又当选国会议员、法院的书记。由于不断地勤奋学习，培根的思想愈加成熟，极力批判经院哲学和神学权威，把脱离实际、自然的一切知识加以改革，把经验观察、实践效果引入认识论。最后，终于成为著名科学家。

"知足"，使人平静、超脱；"知不足"，使人躁动、奋进。学习是一个内外兼备的变化气质的过程。不断学习、充电才能在学习中发现自己的缺点和不足，然后再通过进一步学习来加以改善和提升，使自己的心灵得到升华，思维得以改造，行为得到修正。

21世纪是网络逐渐普及的时代。杰出的知识精英是社会发展的引擎。他们的知识和智慧是时代前进的动力。知识的更新更加迅速，对广博知识的要求更高，同时获取知识的渠道与场合更多——除了在学校学习，在社会所办各种机构培训，去图书馆借书、去书店买书看外，我们还可以通过报刊、电视、电台、网络、手机等来获得知识。这些预示着学习也是一种技能，而且与自己的未来息息相关。学习就如同呼吸一样，只有让自己坚持不断地学习，不断给自己的大脑充电，所掌握的知识才会随时得到更新，才能适应信息日新月异的换代速度。

信息社会知识更新得非常快，老化得也非常快。"资本家"早就落在历史车轮之后，"知本家"、"智本家"才能引领时尚。只有不断学习才能向这些靠近，只有不断给自己补充能量才是一个人幸福一生的护照。

前几年，中央电视台做了一次调查，结果发现许多学生家里根本没有买过什么新书，书架上放的几乎全是在校学习期间的课本。这反映了一个事实：许多人不在学校之外求知，往往把时间浪费在闲玩与看电视上。电视节目固然也具有一定的教育作用，但并不是所有电视节目都如此。我们更应该学一些课本之外的新东西，以增强自己的综合能力，不断提高自己适应这个社会的能力，这样才能在飞速发展的现代社会中立于不败之地。

现实生活中，不知你是否有这样的感受：你特别爱听某某人讲的话，总是听不够。这就表示人家勤于学习，知识更新得快。口若悬河、旁征博引的背后是学识渊博。这样的人，因学识而自信，因自信而流畅，总有新故事、新视点、新想法让你耳目一新；而你缺乏"充电"，知识开始不够用，跟人谈话时"料"不多，也无法提出什么新观点来，自然缺乏听众。

不断更新知识的人，总保持着一种非常丰富、独特的人格魅力。他们能够轻而易举地让人产生信任感，自然而然地成为一个圈子的中心人物。人们总是觉得跟他谈话时有如坐春风的感觉，能够从他那里学到很多新东西。

每一位学生不仅在学校、在课外要不断补充能量，给自己充电，即使以后工作了，也要记住，努力读书。

多年前，某大学一个毕业班级的同学即将走出校园，奔赴祖国各地工作岗位。晚会上，大家请院系年纪最长、阅历最多、白发苍苍、德高望重的一位老教授讲话，希望他能给大家一些什么临别忠告。老教授说："我只强调一点，希望大家参加工作后别忘了继续学习。我的要求不高，每年大家至少保证读一本书就行。到10年后我们再相聚时，大家能读够 10 本书。"这些同学当时心里都轻蔑地一想："老教授是不是太小题大做、耸人听闻了？每年只要读够一本书，这不是小菜一碟吗？我一个月至少读一本书。"

10 年后，这个班级毕业 10 周年庆典，大家都回到了母校，一个个变得更成熟、稳重、丰富却也更苍老、憔悴、世俗了。又是请老教授发言。老教授问他们："10 年前我对大家说，你们这 10 年要读够 10 本书。现在我想问问你们，有谁完成任务的？真正读过 10 本书的请举手。"结果在场的几乎没有一个人举起手来，相反却是一个个惭愧地低下了头。因为考试的不再，因为工作的艰辛，因为生计的侵扰，因为家事的琐碎，因为地域的奔波，因为现实的庸俗……种种原因，大家在漫长的一年里竟然读不够一本书，在漫长的 10 年里竟然读不够 10 本书！

能量是万物运动之始，是维持生命的根源。今天你的能量水平如何，决定了你明天能走多远，要想走的更远，就要不断补充能量。

二

有许多人认为有些知识没有用或者用不到，这种想法是极为错误的。因为你不知道未来会用到什么知识，或许今天你认为没有用的知识在某个时间能帮助你成功。要知道厚积才能薄发。

有一句谚语说得好："知识在于积累。"古人是很懂得这个成才之道的。荀子在《劝学篇》中先用积土积水来比喻："积土成山，风雨兴焉；积水成渊，蛟龙生焉。"他还强调："不积跬步，无以至千里，不积小流，无以成江海。"日积月累，锲而不舍，就能成为高如大山、深如江海那样具有丰富知识的人。

要成为一个人才，对知识的要求是无限的。可是，那许许多多的知识，不可能一朝一夕就可以装到一个人的头脑里，变成自己的东西，这就充分体现了在日常生活中知识积累的重要性。《资本论》这部伟大的著作是马克思40多年知识积累的心血。这本书中的许多资料，摄取于1500多种书籍。他在阅读这些书籍时写的笔记，包括手稿、摘录、提纲、札记等文，至少有100多本。他平时就十分注意积累和观察，致使他的头脑里装下了"多得令人难以相信的历史及自然科学的事实和科学理论"。

列宁从少年时代起，就养成了积累资料的习惯。他早期所著的《俄国资本主义的发展》，参阅了580多本书，摘录了工农业生产状况和工农业生产情况的各种资料。

知识在于积累。积累是求知之道。路要一步一步地走，知识要一点一滴地积累，积学如储宝，积少便成多。

不断学习，不断补充能量的过程就是一个积累的过程。

卡耐基在纽约市主办成人教育班长达35年。他发现很多成年人最大的遗憾，是他们从来没有上过大学。他们似乎认为没有接受大学教育是一个很大的缺陷。这话不一定对，因为成千上万很成功的人，连中学都还没有毕业。所以卡耐基常常对这些学生讲一个他认识的人的故事，那个人甚至连小学都没有毕业。他家里非常穷苦，当他父亲过世的时候，还得靠他父亲的朋友们募捐，才把他父亲埋葬了。父亲死后，他母亲在一家制伞厂里做事，一天工作10个小时，还要带一些工作回家做到晚上11点。

在这种环境之下长大的男孩子，曾参加当地教堂所举办的一次业余戏剧演出活动。演出时他觉得非常过瘾，因而他决定去学演讲。这种能力又引导他进入政界，30岁的时候，他就当选为纽约州的议员。可是他对这项任命却一点准备也没有。事实上，他告诉卡耐基，他甚至不知道这是怎么回事。他研究哪些要他投票表决的既长又复杂的法案，可是对他来说，这些法案就好像是用印第安文字所写的一样。

在他当选为森林问题委员会的委员时，他觉得既惊异又担心，因为他从来没有进过森林一步。当他当选州议会金融委员会的委员时，他更加惊异和担心，因为他甚至不曾在银行里开过户头。他当时紧张得几乎想从议会里辞职，只是他羞于向他的母亲承认他的失败。在绝望之中，他下决心每天苦读 16 个小时，这样努力的结果，使他自己从一个当地的小政治家变成一个全国知名的人物，而且使他自己杰出到让《纽约时报》称呼他为"纽约最受欢迎的市民"。

这个人就是艾尔·亚当斯。

当艾尔·亚当斯开始他那自我教育的政治课程 10 年之后，他成为对纽约州政府一切事物最有权威的人。他曾四次当选为纽约州长，这是一个空前绝后的纪录。1918 年，他成为民主党总统候选人，有 6 所大学，包括哥伦比亚和哈佛，都把名誉学位颁给这个甚至连小学都没有毕业的人。

无论你到什么时候，都不要忘记补充能量，厚积才能薄发，你永远不知道未来将用到那些知识。

三

积累知识是补充能量的一个途径，但是有一点需要大家注意，要提高自己的学习能力。因为知识是无限的，如何更有效的获取你所需的知识，更有效的获取更多的知识，这需要你要极强的个人学习能力。个人学习能力是指个体吸收和运用知识并改变工作和生活状态的能力。

同学们在学校里所学的东西，通常只是深入一门学问的敲门砖，进一步深入的学习肯定还要靠自己。你未来想从事哪一个领域？就如同冲浪，你要随时保持在海浪的上方，只有不断地前进你才不会被大浪掀翻,你才有旺盛拼搏的状态,否则一下子就会被卷到海底去,如何做到?靠的就是自己的学习能力。

我们应该如何来培养学习能力呢?

第一,及时学习。在新行业、新领域里,没有老师,没有前辈,也几乎没有相关的资料来参考,想学习新技能,唯有依靠自我学习。这就需要我们了解问题、尽可能地收集材料、研究解决问题的方案。如果能比别人早一步进入和探索新领域、新行业,将来便有可能成为这个领域的专家。及时学习还有一大益处:在一个行业的发展初期,所需要学习的内容通常比较简单,学习起来比较容易。如果等到行业趋于成熟,懂的人很多,高手如云时,探索的问题也会越来越深入,到时学习就会变得艰难。

第二,总结学习的经验,提高收集信息的效率。总结出一定的读书方法,如先看目录,后看正文,这样就能节省时间。也可以借鉴别人的学习经验介绍等等。

第三,培养读书的兴趣。兴趣是最好的老师,拥有了兴趣,你才不会被动的收集资料,才能在学习中发现乐趣。快乐的学习方式,有利于学习效率的提高。

只有不断学习的人,才不会被社会所淘汰,也只有随时随地对生活抱着一种学习心态的人,让自己"永葆青春",不会退步。

在离德国科隆不远的西比希城,约翰娜·玛克斯夫人因为"活到老学到老"而成为一个家喻户晓的人物。

在1994年,当时70高龄的她,经过长达6年的刻苦攻读,完成了学业,以优异的成绩获得了科隆大学的教育学硕士文凭。9年之后,玛克斯夫人又在79岁时完成了长达200页的博士论文,论文的题目是:《如何度过晚年——学习使老人永远充满活力》最后她被授予教育学博士学位。小城的市民们,无不对这位孜孜不倦的老人赞叹不已，由此她还当选为该城"最伟大女性"。

在她80多岁的时候，玛克斯夫人作为嘉宾，参加了德国著名电视主持人迪沃累克主持的一次脱口秀节目，风采丝毫不让舞台上的年轻人。于是这名戴着大框架眼镜、说话有条不紊又颇富幽默感的高龄老人给电视机前的观众留下了深刻的印象。

"活到老，学到老"，应该成为我们每个人的终身信条。同学们更应该抓紧时间，努力为自己补充能量。

第三节　尽力而为还不够

培育能力的事必须继续不断地去做，又必须随时改善学习方法，提高学习效率，才会成功。(叶圣陶)

每个人的时间是有限的，但是只要大家找到做每件事最有效的方法，就能比别人走得更远。

一

高斯是德国伟大的数学家。小时候他就是一个爱动脑筋的聪明孩子。

还是上小学时，一次一位老师想整治一下班上的淘气学生，他出了一道算术题，让学生从$1+2+3+\cdots$一直加到100为止。他想这道题足够这帮学生算半天的，他也可得半天悠闲。

谁知，出乎他的意料，刚刚过了一会儿，小高斯就举起手来，说他算完了。老师一看答案，5050，完全正确。老师惊诧不已，问小高斯是怎么算出来的。

高斯说，他不是从开始加到末尾，而是先把1和100相加，得到101，再把2和99相加，也得101，最后50和51相加，也得101，这样一共有50个101，结果当然就是5050了。聪明的高斯受到了老师的表扬。这条定律也就是著名的"高斯定律"。

高斯的聪明之处，在于他能打破常规，跳出旧的思路，仔细观察，细心分析，从而找出一条新的思路。打破旧的思维模式给我们带来勇气，我们就会在习以为常的事物中发掘出新意来。

对于学习中的同学们来说，光是努力学习还不够，还要找到适合自己的学习方法、做事的方法，提高自己的时间利用效率。其中一个方式就是打破惯性思维。

在别人都这么做的时候，你不这么做。打破由习惯或经验形成的心理定式，打破旧的思维的模式化，抛开审题立意的第一思维，换一个角度，换一种眼光看问题，或者是以自己独特的角度去立意，提出不同于传统观点的新颖独到的见解，你自然会成为最引人注目的那一个。不仅仅是学习中，生活中也要打破惯性思维，换个角度思考问题。

相传，大英图书馆老馆年久失修，于是在新的地方建了一个新的图书馆。新馆建成后，要把老馆的书搬到新址去。这本来是一个搬家公司的活儿，没什么好策划的，把书装上车，拉走，摆放到新馆即可。问题是按预算需要350万英镑，图书馆里没有这么多钱。眼看着雨季就到了，不马上搬家，这损失就大了。怎么办？馆长想了很多方案，但一筹莫展。

正当馆长苦恼的时候，一个馆员问馆长苦恼什么，馆长把情况向这个馆员介绍了一下。几天之后，馆员找到馆长，告诉馆长他有一个解决方案，不过仍然需要150万英镑。馆长十分高兴，因为图书馆有这么多钱。

"快说出来！"馆长很着急。

馆员说："好主意也是商品，我有一个条件。"

"什么条件?" 馆长更着急了。

"如果把 150 万全花净了,那权当我给图书馆作贡献了,如果有剩余,图书馆要把剩余的钱给我。"

"那有什么问题? 350 万我都认可了,150 万以内剩余的钱给你,我马上就能做主!" 馆长很坚定地说。

"那咱们签订个合同?" 馆员意识到发财的机会来了。

合同签订了,不久馆员实施了他的新搬家方案。150 万英镑连零头都没用完,就把图书馆给搬了。

原来,图书馆在报纸上刊登了一条惊人的消息:"从即日起,大英图书馆免费、无限量向市民借阅图书,条件是:书从老馆借出,还到新馆去。"

有时候不是没有办法,使我们没有想到罢了!

大家都知道比利时首都布鲁塞尔的广场中心,有一个著名的撒尿的小男孩铜像。当初,正是小男孩用自己的尿浇灭了侵略者炸城的导火线,从而挽救了这个城市。这个小英雄叫于连,但是你可曾想到拿这个小男孩做文章?

很多啤酒商都发现,要想打开比利时首都布鲁塞尔的啤酒市场非常难。于是就有人向畅销比利时国内的"哈罗"牌啤酒厂取经。哈罗啤酒厂位于比利时首都布鲁塞尔的东郊,无论是厂房建筑还是生产设备都没有很特别的地方。但该厂的销售总监林达是轰动欧洲的策划人员,由他策划的啤酒文化节曾经在欧洲多个国家盛行。

当林达刚到啤酒厂的时候,那时的哈罗啤酒厂市场份额正在一年一年地减少,因为啤酒销售的不景气而没有钱在电视或报纸上做广告。销售员林达多次建议厂长到电视台作一次演讲或者广告,但都被厂长拒绝。林达决定冒险做自己想做的事情,他贷款承包了厂里的销售工作。正当他为怎样去做一个最省钱的广告而发愁时,他徘徊到了布鲁塞尔市中心的于连广场。广场中心的铜像启发了他。林达突然决定了他要做一件让所有人都意想不到的事情。

第二天，路过广场的人们发现于连的尿变成了色泽金黄、泡沫泛起的"哈罗"啤酒，旁边的大广告牌子上写着"哈罗啤酒免费品尝"的广告语。

一传十、十传百，很快全市老百姓都从家里拿出自己的瓶子杯子排成队去接啤酒喝。电视台、报纸、广播电台争相报道。年底结算，该年度的啤酒销售产量是上一年的18倍；林达也成了闻名布鲁塞尔的销售专家。

林达的经历告诉我们的是：要想使自己成功得快一些，就要适当做一些别人没有做过的事情。

公元前223年冬天，马其顿亚历山大大帝进兵亚细亚。他到达亚细亚的弗尼吉亚城时，听说城里有个著名的预言：几百年前，弗尼吉亚的戈迪亚斯王在其牛车上系了一个复杂的绳结，并宣告谁能解开它，谁就会成为亚细亚王。自此以后，每年都有很多人来看戈迪亚斯打的结。各国的武士和王子都来试解这个结，可总是连绳头都找不到，他们甚至不知道从何处着手，大多数人只是看看而已，从没有一个人静下心来想方设法解开这个难解之结。亚历山大对这个预言非常感兴趣，命人带他去看这个神秘之结。幸好这个结至今尚完好地保存在朱庇特神庙里。

亚历山大仔细观察着这个结，许久许久，始终连绳头都找不着，亚历山大不得不佩服戈迪亚斯王。这时，他突然想到：为什么不用自己的行动规则来解开这个绳结呢？于是，亚历山大拔出剑来，对准绳结，狠狠地一剑把绳结劈成了两半，这个保留了数百载的难解之结，就这样轻易地被解开了。亚历山大不墨守成规，不仅解开了数百载的绳结，也注定了他必然成为亚细亚王。

　　许多熟视无睹的东西，你是否想过从另一个角度去看待它？许多已经被解决的事情，你是否想过有更简单的方式去解决？据世界科学协会对 500 例重大科学贡献的调查证明，许多科学奇迹早就存在于世。只是我们固有的视角限制了我们。

　　换个想法，便能换来一切。在你试图改变自己想法的同时，你的视角也开始变化；移向自己从不注意的世界。你真的会有新的发现。你的想法有了不同，一切也就随之有了不同。

<h2 style="text-align:center">二</h2>

　　从前有个小村庄，村里除了雨水没有任何水源。为了解决这个问题，村里的人决定对外签订一份送水合同，以便每天都能有人把水送到村子里。

　　有两个人愿意接受这份工作，于是村里的长者把这份合同同时给了这两个人。得到合同的两个人中一个叫吉姆，他立刻行动了起来。每日奔波于 1 里外的湖泊和村庄之间，用他的两只桶从湖中打水并运回村庄，并把打来的水倒在由村民们修建的一个结实的大蓄水池中。

　　每天早晨他都必须起得比其他村民早，以便当村民需要用水时，蓄水池中已有足够的水供他们使用。由于起早贪黑地工作，吉姆很快就开始挣钱了。尽管这是一项相当艰苦的工作，但是吉姆很高兴，因为他能不断地挣钱，并且他对能够拥有两份专营合同中的一份而感到满意。

　　另外一个获得合同的人叫汤姆。令人奇怪的是自从签订合同后汤姆就消失了，几个月来，人们一直没有看见过汤姆。这点令吉姆兴奋不已，由于没人与他竞争，他挣到了所有的水钱。汤姆干什么去了？他做了一份详细的商业计划书，并凭借这份计划书找到了 4

位投资者，他们和汤姆一起开了一家公司。

6个月后，汤姆带着施工队和投资回到了村庄。花了整整一年的时间，汤姆的施工队修建了一条从村庄通往湖泊的大容量的不锈钢管道。这个村庄需要水，其他有类似环境的村庄一定也需要水。于是他重新制订了他的商业计划，开始向全国甚至全世界的村庄推销他的快速、大容量、低成本并且卫生的送水系统，每送出一桶水他只赚1便士，但是每天他能送几十万桶水。无论他是否工作，几万的人都要消费这几十万桶的水，而所有的这些钱便都流入了汤姆的银行账户中。

显然，汤姆不但开发了使水流向村庄的管道，而且还开发了一个使钱流向自己的钱包的管道。从此以后，汤姆幸福地生活着，而吉姆在他的余生里仍拼命地工作。

在人生中光是努力使不够的，你还需要动脑筋，运用你的智慧。现实生活中，许多人工作很勤奋，但是就是不能取得突破，原因就在这里。不要忘记，任何问题都不止一种解决办法。适时审视改进你的工作方法，就可以让你事半功倍。世间许多非常的成功，都是以非常的办法完成的。如果不肯开动脑筋，和别人一样循规蹈矩地做，那么也就会和别人一样平凡。

体育课上的场景："这个鬼铅球，怎么老也扔不远！"一个小男生气急败坏地把它摔在了地上。眼看就到中考体育加试的日子了，可他的铅球成绩连及格都不到。不是他练得不勤，每天放了学他都要扔会儿砖头才回家。也不是他力气太小，他一口气能做15个俯卧撑。也不是因为他个子太矮，早操列队他被排在后面。

那是什么原因呢？体育老师告诉他："你呀，做什么事情都需要动脑筋。问题是出在动作上。你每次推铅球时都是在扔，而不是在推，这怎么能投得远呢？推是腰腹一齐用力，借助转身挺胸的爆发力把球送出去的。看，就是这样。"而扔只是凭胳膊的劲，显然那力量就远不如推的大了。"老师边说边做着示范。

他这才恍然大悟，原来体育并不是有傻力气就行的，也需要动脑筋，用巧劲。

学习是青少年的主要任务。你们的主要任务是寻找适合自己的、高效的学习方法，而不是盲目地听课、做题。如何听课效率才高、如何复习、如何安排时间、怎样最适合自己的用脑习惯、什么状态考试效果最好等，这些你都要用心去弄清楚。

人的大脑具有不可思议的灵性。当你不怕困难，想要有办法时，大脑会一直在工作，帮你找出解决问题的方法。

英国有句谚语："上帝每制造一个困难，就会同时制造 3 个解决它的方法来。"所以，世上只要有困难，就会有解决的方法。而且"方法总比困难多"，只是你暂时没有找到合适的方法而已。

要时刻牢记：成功不仅仅需要勤奋，还需要智慧。尽力而为还不够，还要找到合适的方法。

第四节　不要为小事生气

为小事生气的人，生命是短暂的。（英国作家　迪斯雷利）

人生难免与他人磕磕碰碰。不为小事生气，不仅仅是一种生活态度，同样是一种智慧。

一

生活中，人们常常为了一些鸡毛蒜皮的事物，争执不休，徒然浪费许多有限的生命，而一无是处。生气是一种选择，也是一种习惯，是对挫折、被侵犯以及不合理对待的反应。没有人愿意生气，但还是会经常为小事而生气。

人之所以会生气，主要是外在环境的影响刺激，除非是圣人，否则，一般人皆会因为生活中的种种人或环境的不快、不如意而生气，能够在生气时自省或是生过气后而有所觉察的人，就已经不容易了。

喜欢生气、为小事抓狂的人，总是让别人有机可乘。生气当然不会是一件好事，首先对健康就是不利的因素。若能训练自己，在生活中减少对外在环境的过度反应，也许有助于内心的平和。更重要的是，生气会使人远离甚至忘记真理的存在。世界上很少有因为愤怒就使问题和矛盾获得解决的；相反，常常因为愤怒、生气把事情搞砸了。愤怒时，极而言之，极而行之，把自己以后的道路都堵死了，没了后退之路，没了回旋余地。本来有理，反而变成了没理；本来小事，结果闹成大事，甚至不可以收拾，过后，悔之晚矣。

俄国大文豪屠格涅夫曾劝告与人争吵、情绪激动的人在开口之前，先把舌头在嘴里转十圈。因为愤怒是射向健康的一支利箭，一把伤害彼此的双刃剑，伤害了别人，同时也伤害了自己。

何苦要气？气便是别人吐出而你却接到口里的那种东西，你吞下便会觉得反胃、恶心，你不看他时，便会消散不见了。有句话说："何苦拿别人的过错来惩罚自己呢！"夕阳如金，皎月如银，人生的幸福和快乐尚且享受不尽，哪里还有时间去生气呢？佛经云：愤怒是"无明火"；《圣经·新约》则说当人在愤怒时，都是疯狂的。"为一点点小事而让自己生气，这说明你还没有完全放下。

对于同学们来说，对待朋友尤其不能因小事而生气，伤害了双方的友谊。法国罗曼·罗兰说："友谊是毕生难觅的一笔珍贵财富。"每个人都不是完美的，都由犯错的时候，用宽容之心对待生活中的大事小事，不要因小事而生气，更不要苛求朋友。

你可以广结朋友，也不妨对朋友用心善待，但绝不可以苛求朋友，而是要互相理解互相支持，彼此包容，真诚相待，只有这样友谊才是永远保鲜的，永远不会变质。

如果一个人对朋友抱有苛刻的态度，求全责备，这样很难交上真心的朋友。"人非圣贤孰能无过"？朋友之间就要互相勉励，共同进步。

张勇和宋占瑞是大学同学，同一个宿舍住了四年，上下铺的兄弟，无话不谈的哥们儿。毕业后，两人一起去同一个单位试用。

有一次，他们一起去拜访一位大客户，已经有了初步的意向，只等第二天签合同。张勇和宋占瑞非常兴奋，在单位分的宿舍里喝酒庆祝。结果张勇酩酊大醉，一直睡到第二天清晨。醒来后，发现宋占瑞不见了。等去了单位才知道，宋占瑞竟趁张勇烂醉如泥的时候，提前签成那单生意。当然，所有的功劳都成了宋占瑞一个人的了。

张勇找宋占瑞算账，对方却辩解说，想和他一起去，可叫了他半小时，也没能把他叫醒。张勇当然不信，可是有什么用呢？因为那单大生意，宋占瑞升了职，并一直做到部门经理；而张勇在很长一段时间里，一直是单位的一个小业务员。

张勇接受了事实，继续埋头苦干，一年后也升了职。可他就是不能原谅那个同学。这么多年来，他一直生活在愤怒、沮丧、仇恨和痛苦之中。

后来，宋占瑞多次找到张勇，跟他道歉。可是张勇总是置之不理，一副高傲的样子。其实，张勇内心快乐吗？同在一个公司，哪怕再小心翼翼，也难免会不期而遇。每到这时，朋友就会把头扭向一边，脸色铁青。哪怕，一秒钟前他还在捧腹大笑。

年底的时候，张勇回家探亲，去看他以前的班主任。偶然聊起这件事情。他的班主任告诉他，因为他有了太多的恨。如果一个人对另一个人有了仇恨，那么，他就会不快乐。

"那我怎么办？"张勇说，"要我原谅他？"

他以前的班主任说："为什么不能呢？事实上，这几年来，你一直在放大一种仇恨，而当一种仇恨在心中被无限放大，便变得根深蒂固起来。你想，心中被仇恨占满了，快乐放在哪里呢？你原谅他曾经的过错，其实对于你，也是一种解脱。"

虽然张勇对班主任的话，抱着一种怀疑的态度，但他还是在第二天，试着跟宋占瑞交流了一下。结果，多年的积怨一扫而光，他们再次成了朋友。因为不必刻意回避一个同事，所以张勇的业务做得一帆风顺，并再次升了职。

张勇说："也许班主任的话是正确的。因为他的那个同学，好像并不像他一直想的那样卑鄙。原谅了他，就等于解脱了自己。为什么不呢？"

对朋友不能太苛求，能原谅的就原谅。因一件事而生气已经是错误了，更何苦让它变成仇恨呢？生活中许多事情都是因小矛盾而变为大矛盾的。

有时候生活中的事情并非你想像的那样，不是大是大非的问题，也不会总是按着你的想法去发展的。也许在你看来很容易的事情或是理所当然的事情。也许对别人来说是很难的事情，你要学会原谅别人，同时也是原谅你自己。调整自己的心态，不要去苛求朋友完美无缺，在接受他的优点的同时，也要接受他的不足。既然是朋友，就应该以诚相待。所以，在发现朋友的缺点和不足时，应坦率指出，以便朋友及时改正。

二

瑞典于 1654 年与波兰开战，原因是瑞典国王发现在一份官方文书中他的名字后面只有两个附加的头衔，而波兰国王的名字后面却有三个附加头衔。

大约在 900 年前，一场蹂躏了整个欧洲的战争，竟然是因为摩德纳与波洛尼亚这两个意大利城市之间的人为争夺一个打井水的木桶而爆发的。

因为不小心把一个玻璃杯里的水溅在了托莱侯爵的头上，曾导致了一场英法大战。

因为一个小男孩向格鲁伊斯公爵扔鹅卵石，曾导致了瓦西大屠杀和三十年战争。

虽然我们不大可能因为一点小事而发动一场战争，但我们肯定也会因为一些小事而使自己及周围的人不愉快。要记住，一个人为多大的事情而发怒，他的心胸就有多大。

那么，怎样让我们尽量不为小事生气呢？

第一，想想生气的后果。在生活中我们常常看到，朋友因为一些小事而闹得把对方当成是透明的空气人；有些人因为一些不足挂齿的小事而发怒，做出不该做的事，引起恶性斗殴，甚至导致人命案子发生，最后锒铛入狱，事后常常后悔不已。因此说，发脾气、生气并不能使问题得到解决，反而会增加新的矛盾。人们喜欢大事化小，小事化了。而生气却容易使人没事变成有事，小事激化成大事。想到这些，我们还有生气的必要吗？

第二，凡事换个角度考虑问题。做人学会宽容，这是我们中华民族的传统美德。对别人宽容，有一点儿雅量，即容人之量，要"待人宽，责己严"，不要动辄指责怪罪别人。因区区小事而对自己身边的人发脾气，这是极不礼貌的行为。你发了火，泄了气，痛快了，可这种痛快是建立在别人的痛苦之上，如果站在对方的位置上，让别人对你大发脾气，你会怎么想？

一个时时想着别人、处处体谅别人的人，即使自己心中不快，也不会迁怒于人，更不会把自己的不愉快强加给别人。另外，如果别人做的事情在你的眼中是错误的，也要先站在别人的角度上，想一想别人为什么这样做，而不是一看不顺眼就对别人发脾气。即使对方真的做错了，也要好好地与对方讲清楚，不要随便乱发脾气。

第三，学会管理自己的情绪，让理智驾驭情绪。让理智驾驭情绪，可以使我们在遇到很难处理的事情时，三思而后行，多想想别人，多想想事情的结果，认真对待，慎重处理。一旦发觉自己出现了冲动的征兆时，及时克制，加强自制力。

我们应该懂得的是：快乐是可以自找的，情绪是可以管理的。要学会觉察自我的情绪，觉察他人的情绪，进而管理自己的情绪。如果在我们的学习生活中，能够自我管理，能够调整管理好自己的情绪，彩色美好绚烂的人生就会在前方等着我们。情绪不仅决定着我们如今的状态，同样也关乎着我们未来生活工作中的幸福指数。

当情绪产生波动时，我们往往会表现出愉快或气愤、悲伤、焦虑、失望等各种不同的内在感受。如果好的情绪一直持续不断的话，当然没有任何坏处，但如果这样一种情绪是负面情绪的话，它的持续不断就会对我们产生巨大的负面影响，不仅影响着我们的身心健康，对于我们的人际关系及日常生活都会有较大的负面影响。

亚里士多德说："任何人都会生气，这没什么难的，但要能适时适所，以适当方式对适当的对象恰如其分地生气，可就难上加难。"情绪管理是一门学问，也是一种艺术，要掌控得恰到好处。

第四，学习一些帮助自己克制暴躁脾气的好方法。或者在家或自己学习的地方，张贴或放置"息怒"、"制怒"一类的警言，时刻提醒自己要冷静。帮助自己在将要发脾气时尽快地让自己的头脑冷静下来。

或者在快要发脾气时，嘴里默念"镇静，镇静，三思，三思"之类的话。这些方法都有助于控制情绪，增强大脑的理智思维。

或者当发觉自己的情感激动起来时，可以有意识地转移话题或做其他的事情来分散自己的注意力，把思想感情转移到其他活动上，使紧张的情绪慢慢地松弛下来。比如迅速离开现场，去干别的事情，找人谈谈心、散散步，这样可将因盛怒激发出来的能量释放掉，心情就会平静下来。

第五，多听音乐调节情绪。如果你的情绪容易兴奋、激动，就经常听一些节奏缓慢、旋律轻柔欢快、音调优雅、优美轻松的音乐，对安定情绪、改变暴躁的脾气也有帮助。

总而言之，制怒的最好法门是忍、是宽容。自觉的忍，理智的让，不是退缩，不是放弃原则，更不是软弱无能，而是一种策略，一种智慧，一种境界。

作为青少年，我们应该学会不因小事而生气，要学会宽容待人，这样你才能成为一个受欢迎的人。